王 少 著

科技伦理评估
框架研究

同济大学 出版社
TONGJI UNIVERSITY PRESS
·上海·

内 容 简 介

本书旨在构建科技伦理评估框架。科技伦理评估框架是一套成形的、处于合理张力下的伦理原则、规范的组合和运行机制，该框架能够将科技评估的各项要素纳入其中，并通过合理配置要素、促进要素之间发生正向的相互作用以实现运转，从而全面系统地规制科技活动和科技评估对象。首先，本书结合理论论证和实证分析，阐述了科技伦理评估的理论内涵、实践情况和评估框架的构建思路，并在此基础上初步构建了一个科技伦理评估框架。其次，本书通过问卷调查、访谈和个案研究的方式检验和完善了科技伦理评估框架。最后，本书对科技伦理评估进行了哲学反思。

本书可作为科技评估工作者的参考用书，同时可以为科技伦理研究者提供资料和理论支持。

图书在版编目（CIP）数据

科技伦理评估框架研究 / 王少著. — 上海：同济大学出版社，2024.5
ISBN 978-7-5765-1102-4

Ⅰ.①科… Ⅱ.①王… Ⅲ.①技术伦理学—研究 Ⅳ.①B82-057

中国国家版本馆CIP数据核字（2024）第058472号

科技伦理评估框架研究
Keji Lunli Pinggu Kuangjia Yanjiu

王 少 著

| 责任编辑 | 孙铭蔚 | 责任校对 | 徐春莲 | 封面设计 | 陈益平 |

出版发行　同济大学出版社　www.tongjipress.com.cn
　　　　　（地址：上海市四平路1239号　邮编：200092　电话：021-65985622）
经　　销　全国新华书店
排　　版　上海三联读者服务合作公司
印　　刷　苏州市古得堡数码印刷有限公司
开　　本　710mm×1000mm　1/16
印　　张　12.25
字　　数　213 000
版　　次　2024年5月第1版
印　　次　2024年5月第1次印刷
书　　号　ISBN 978-7-5765-1102-4
定　　价　60.00元

本书若有印装质量问题，请向本社发行部调换　　版权所有　　侵权必究

前言

科技评估是遵循一定的原则和标准，运用规范的程序和方法，对科技活动及其有关行为和要素开展的专业化评价和咨询活动［参见《科技评估基本术语》（Q/NCSTE 1001-2018）］。中华人民共和国科学技术部、财政部、国家发展改革委员会于2016年12月颁布的《科技评估工作规定（试行）》将科技评估的目的定位为："优化科技管理决策，加强科技监督问责，提高科技活动实施效果和财政支出绩效。"2021年2月1日起正式实施的《科技成果经济价值评估指南》更是直接聚焦评估科技成果的经济价值。由此可见，当前的科技评估以效果和效益为主要导向，忽视了伦理在科技活动中的重要价值。尽管当前一些科技项目可行性评估会考虑人体研究伦理、动物伦理和环境伦理问题，但总的来说，科技伦理的目的和价值并没有很好地渗透到科技评估中。

科技评估是对科技活动"是"与"非"、"好"与"坏"的评价，前者属于事实判断，后者则是价值判断，科技评估内在地包含事实和价值两个维度。效果导向的科技评估指向事实维度，而伦理导向的科技评估指向价值维度。科技评估应当从注重事实评估向事实评估与价值评估并重发展，这一思路尤其与绿色发展理念相契合。2022年3月，中共中央办公厅、国务院办公厅印发《关于加强科技伦理治理的意见》，指出"开展科技活动应进行科技伦理风险评估或审查"，科技伦理评估的重要性得以凸显。

本书旨在构建科技伦理评估框架。科技伦理评估框架是一套成形的、处于合理张力下的伦理原则、规范的组合和运行机制，能够将科技评估的十大要素[①]纳入其中，并通过合理配置要素、促使要素之间发生正向的相互作用以实现运转，目的在于从伦理角度全面规制科技活动和评估对象。首先，本书结合理论论证和实证分析，阐述了科技伦理评估的理论内涵、实践情况和评估框架的构建思路，并在此基础上构建了一个科技伦理评估框架。其次，本书通过问卷调查、访谈和个案研究的方式检验和完善了建成的评估框架。最后，本书对科技伦理评估进行了哲

---

① 见《科技评估通则》（GB/T 40147-2021），十大要素包括目的、委托者、评估者、对象、内容、依据、信息、程序、方法和结果。

学反思。

本书阐释了科技伦理的概念、分类和性质，比较了伦理评估、评价和科技伦理评估等概念内涵，阐述了科技伦理评估的本质要求及其关键点和运行机制，从而全面剖析了科技伦理评估的概念内涵。本书梳理了伦理评估的相关道德哲学理论，结合研究目的和科技伦理研究的论证模式，将"显见义务论"作为科技伦理评估的理论基础，并提出将"显见"科技伦理原则作为科技伦理评估标准的主要内容。为发现评估标准的选定方法，本书概述了科技伦理原则的一般理论和观点，并基于科技伦理评估的交叉研究属性，从理论和实践两个方面论证评估标准既应包括"显见"的科技伦理原则，还应该包括与之相应的特定法律权利。基于上述分析，本书系统总结了科技伦理评估理论内涵的核心内容。

本书基于科技伦理评估是一种制度行为的思路，以及出于考察制度中受尊重的科技伦理原则和被保护的法律权利的目的，将制度考察作为本书中实证研究的主要方法。本书以美国、欧盟、日本和中国的科技伦理法规政策作为制度考察的主要对象。为深入探查科技活动中法律权利和科技伦理原则之间的对应（相关）关系，本书以美国、欧盟和中国提及"科技伦理"关键词的判例为制度考察的另一对象。由于考察的制度资料多为法律资料，本书在分析各国法律文化背景差异的基础上提出了整合借鉴制度资料的方法。本书在整合分析考察结果后得出了影响科技伦理评估的国情因素、制度中法律权利享有主体和伦理原则约束对象的情况及科技伦理评估标准具体组成内容等实践经验。

本书在理论内涵分析和制度实践考察的基础上，着手构建科技伦理评估框架。本书确定了框架构建的基本思路是以伦理治理为逻辑主线，围绕选定的"显见"科技伦理原则与相应法律权利结合组成的评估标准，建立主体在正当的评估程序中对客体实施评估的框架。具体构建路径是：确定评估框架中的五大评估主体及其地位和行动方式；确定评估框架中的评估客体及其与评估对象之间的关系；确定在各类科技活动中法律权利和"显见"科技伦理原则之间的合理组合作为评估标准；建立以四步骤法和权利保护导向为主要内容的正当评估程序。本书最后以图示的形式呈现科技伦理评估框架。

本书对科技伦理评估框架的检验和完善围绕评估标准和伦理治理展开。本书通过问卷调查和访谈探明公众和特定主体所尊重的伦理原则和重视的法律权利以完善评估标准；通过个案研究探查最新科技伦理案例的处理程序和处理方法中关于权利保护和责任追究的有益经验，以之与建成的科技伦理评估框架作比较，完善框架的伦理治理。本书将完善的建议分成具体和总体两个层面，总体上的建议主要是：在将科技伦理困境分为真性困境和假性困境、将治理对象的责任承担分为外部责任和内部责任的基础上，指明如何完善技伦理评估框架中的权利保护和责任承担机制。

本书对科技伦理评估的哲学反思从科技伦理评估为了"什么"出发，并在其中对科技伦理评估的概念、必要性作补充论证，为更进一步完善"怎么做"提供支持。评估标准是科技伦理评估的核心，也是评估的依据和准绳，本书选择科技与公平、科技与权利两个基点进行分析——公平和权利都是评估标准的重要内容。本书从阐明科技与公平之间的关系出发，论述了公平是科技的价值基础、科技对公平的不利影响两大问题，进而提出四项使科技伦理评估符合公平原则的建议。本书论证了科技与权利之间的价值一致性关系，提出科研自主权是科技伦理评估中的首要权利的观点，阐释了科研自主权的内涵，并在分析论证的基础上指出科技伦理评估为了"权利"而应当注意的四个问题。

基于科技评估应当坚持事实判断和价值判断并重的思想，本书致力于从伦理角度研究科技评估问题。本书所构建的科技伦理评估框架将科技伦理要求贯穿科技评估全过程，该框架能够为评估者（评估机构或专家组等）提供决策参考，为开展科技活动的组织和人员勾画清晰的行为边界。

王 少
2024 年 1 月

目录

前言

第1章 绪论 ... 1
1.1 研究缘起 ... 2
1.1.1 研究背景 ... 2
1.1.2 研究意义 ... 5
1.2 研究综述 ... 7
1.2.1 研究梳理 ... 7
1.2.2 总结分析 ... 14
1.3 研究路径 ... 16
1.3.1 研究思路 ... 16
1.3.2 研究方法 ... 18
1.4 路线框架 ... 21
1.4.1 技术路线 ... 21
1.4.2 总体框架 ... 23

第2章 科技伦理评估的理论内涵 ... 25
2.1 基本认识 ... 26
2.1.1 相关概念的辨析 ... 26
2.1.2 评估的本质要求 ... 32
2.2 理论基础 ... 37
2.2.1 道德理论的介绍 ... 37
2.2.2 理论基础的选定 ... 39
2.3 标准选定 ... 42
2.3.1 评估标准来源 ... 42
2.3.2 确定评估标准 ... 44
2.4 理论内核 ... 55

第3章 科技伦理评估的制度考察 ... 57
3.1 法规研究 ... 59
3.1.1 国内外法规考察 ... 59
3.1.2 法规启示与分析 ... 69
3.2 判例研究 ... 70
3.2.1 国内外判例考察 ... 70
3.2.2 判例启示与分析 ... 83
3.3 比较分析 ... 84
3.3.1 法律文化的比较 ... 84
3.3.2 整合借鉴的方法 ... 86
3.4 实践经验 ... 87

第4章 科技伦理评估框架的构建 ... 91
4.1 构建思路 ... 92

  4.1.1 框架的构建方法 ································ 92
  4.1.2 框架的基本组成 ································ 95
 4.2 评估主体和评估客体 ································ 99
  4.2.1 评估主体的确立 ································ 99
  4.2.2 评估客体的定位 ································ 101
 4.3 程序标准 ································ 102
  4.3.1 评估程序的建立 ································ 103
  4.3.2 评估标准的内容 ································ 104
 4.4 构建框架 ································ 107

第5章 科技伦理评估框架的完善 ································ 113
 5.1 路径方法 ································ 114
  5.1.1 问卷调查的路径 ································ 115
  5.1.2 个案研究的方法 ································ 116
 5.2 问卷调查 ································ 117
  5.2.1 问卷设计与统计 ································ 117
  5.2.2 结果分析与启示 ································ 123
 5.3 个案研究 ································ 125
  5.3.1 个案选择的理由 ································ 125
  5.3.2 处理程序和内容 ································ 125
 5.4 总体完善 ································ 135
  5.4.1 权利保护的完善 ································ 135
  5.4.2 责任承担的完善 ································ 136

第6章 科技伦理评估的哲学反思 ································ 141
 6.1 科技与公平 ································ 143
  6.1.1 科技与公平的基本关系 ································ 143
  6.1.2 公平是科技的价值基础 ································ 145
  6.1.3 科技对公平的不利影响 ································ 149
  6.1.4 为了"公平"的反思 ································ 153
 6.2 科技与权利 ································ 154
  6.2.1 科技与权利的基本关系 ································ 154
  6.2.2 科研自主权的重要地位 ································ 157
  6.2.3 科研自主权的内涵阐释 ································ 162
  6.2.4 为了"权利"的反思 ································ 167

第7章 结语 ································ 169

附录 ································ 172
 附录一：图表目录 ································ 172
 附录二：公众科技伦理选择问卷 ································ 174

参考文献 ································ 176

绪 论

1.1 研究缘起

1.1.1 研究背景

科技的负责任发展需要理论指导和制度约束的双重保障。科技评估是当前规制科技活动直接而有效的制度行为之一，关于它的理论研究欣欣向荣。科技评估（Science & Technology Evaluation）对应国外的技术评估（Technology Assessment）、评估战略（Evaluation Strategy）和科技政策评估（Science and Technology Policy Evaluation）等，从根本上属于政策评估范畴，国外的科技评估主要存在于科技政策实践中[①]。我国于2000年制定了《科技评估管理暂行办法》，并于次年颁布了《科技评估规范》，这标志着科技评估开始向制度化和规范化的方向发展，2016年，《科技评估工作规定（试行）》颁布，其中关于科技评估目的的规定表明科技评估从政策执行行为转向法治行为。简单地说，科技评估就是根据某种标准对科技活动进行科学的评价。纵观国内的科技评估实践，基本以评估科技活动的效益和效果为主，即评估科技活动的实际效果和社会收益，对科技活动的伦理影响一般不作评估[②]。换言之，效果导向的评估主要考虑科技活动是否会取得预期的效果或收获预期的效益，而很少考量科技活动是否符合伦理原则及公众和社会的伦理诉求。

本书将效果导向的评估称为效果评估，将关注科技活动伦理影响的评估称为

[①] 如美国科技政策办公室（Office of Science & Technology Policy，OSTP）负责政府层面的评估，而美国科学基金会（National Science Foundation，NSF）、美国国家海洋与大气管理局（National Oceanic and Atmospheric Administration，NOAA）则进行自评估。关于欧美的科技政策评估，参见菲利普·夏皮拉，斯蒂芬·库尔曼.科技政策评估：来自美国与欧洲的经验[M].方衍，邢怀滨，译.北京：科学技术文献出版社，2015.

[②] 国内在某些科技（如生态科技和生命科技等）的可行性评估中也会考虑科技的社会影响，如对科技造成环境污染的可能性进行评估等，但总体来说，目前的科技评估还是停留在是否符合科技计划、项目申请的要求，是否完成预期成果的效果评估层面上，造成这种现状的可能原因是科技发展的效果导向和科技成果、收益更容易量化。

伦理评估①。效果评估着重从现实性和后果性上评估科技活动，容易发现并解决问题，而科技活动的伦理影响往往并非一朝一夕所形成的，其潜伏周期长、隐蔽性高，是一种长远和潜在的影响，评估难度较大。但从科技可持续发展角度来看，关注科技活动的伦理影响，将伦理评估贯穿于科技评估中更具价值。

本书的主要目的是对科技伦理评估进行深入探索，明确其基本含义、理论基础、评估标准和本质要求，然后结合现有制度实践经验，尝试构建一个统一规范的、立体的、多维的、可重复应用于对科技活动进行伦理评估的框架，为完善科技评估、促进科技负责任发展提供理论支持和实践指导。

科技对"善"和"美"的追求与对"真"的追求同等重要，当科技发展到一定阶段后，对"善"和"美"的追求的重要性更加凸显。在当前科技伦理问题日渐突出、绿色发展理念深入人心的现实环境下，关注科技伦理评估恰逢其时——科技伦理评估所指向的就是科技活动的"绿色发展"。

伦理、法律和社会问题（Ethical, Legal and Social Issues，ELSI）研究就是对科技"绿色发展"的回应。科技对人和社会的影响日益深刻，引发了一系列伦理、法律与社会问题。1988年，在组建"人类基因组计划（Human Genome Project，HGP）"的新闻发布会上，HGP负责人、诺贝尔生理学或医学奖获得者詹姆斯·沃森（James Watson）提出要特别关注基因组学的伦理和社会问题[1]。两年后，伦理、法律和社会影响研究项目（Ethical, Legal, and Social Implications Research Program）与HGP同步建立，并成为HGP的重要组成，由此开启了西方社会对科技活动的ELSI研究。在欧洲，这类研究也被称为伦理、法律和社会方面（Ethical, Legal and Social Aspects，ELSA）的研究，其实践范围非常广泛。英国医学图库中

---

① 国外一般将科技政策评估分为事前评估和事后评估，参见菲利普·夏皮拉，斯蒂芬·库尔曼.科技政策评估：来自美国与欧洲的经验[M].方衍，邢怀滨，译.北京：科学技术文献出版社，2015:19-20.《科技评估工作规定（试行）》对于科技评估采取前、中、后三分法。这种划分方法的依据是时间，简单实用，但线条难免过粗，几乎适用于任何类型的评估。从科技评估的内容出发，则可将科技评估分为政策评估、项目评估、研究评估、成果评估等。这种分类方法当然没有错误，但存在难以穷尽的缺点，且由于科技活动多种多样并处于不断变化中，根据内容分类也难以把握评估的本质特点。本书从目的出发，将科技评估分为事实和价值两个维度，这一划分对应科技活动的实际效果和价值影响两个层面，从而既与其他类型的评估区分开来，又避免了科技评估单一的效果导向问题。科技伦理属于科技价值维度，科技伦理评估就是对科技活动的一种价值评估。在当前科技伦理问题日渐突出、绿色发展理念深入人心的现实语境下，这一划分方式有其合理性。

心（Institute of Medical Illustrators）建立了"伦理与法律"审查制度，国际人类基因组织（Human Genome Organization，HUGO）也设立了"伦理、法律与社会委员会（Committee on Ethics, Law and Society, CELS）"。随着ELSI研究的深化，"伦理与法律"在规范科技活动的过程中进一步融合，并逐渐成为国外高等教育和学术研究的重要内容。如美国佛罗里达大西洋大学开设了"伦理、法律和社会认证（Ethics, Law, and Society Certificate）"课程，加拿大多伦多大学三一学院将"伦理、社会和法律（Ethics, Society, and Law, ES&L）"作为其三大本科专业之一，美国宾夕法尼亚大学沃顿商学院提供"伦理与法律研究（Ethics and Legal Studies）"专业的博士教育。与国外相比，我国对此研究领域的关注略显滞后，在实践上以"伦理与法律"冠名的机构也与ELSI的本质相去甚远，如华东师范大学设置的"学术伦理与法律委员会"，实质上是对学术不端行为进行审查和处理的机构，而台湾大学在其法律学院下设立的"科技伦理与法律中心"，则具有较浓的研究意味，有一定的ELSI性质。

本书所称科技伦理评估是指对科技活动进行伦理层面的评估，因其以评估为落脚点，因而与科技评估有着必然的联系，从根本上说，其属于科技评估范畴，但科技伦理评估不可避免地会应用科技伦理知识，所以，科技伦理评估实质上是一种交叉研究，交叉的是科技伦理和科技政策（科技法）[1]。ELSI因为同时具有关注科技伦理和科技法治的特性而与本书的交叉属性相符，故而可以作为分析的工具。本书借鉴ELSI的研究范式，目的在于以一种方法将法律与伦理更加紧密地融入科技伦理评估的规则体系。

道德研究的哲学方法一般可以分为规范伦理学和分析（元）伦理学[2]两种，由于伦理评估是本书的主体内容，且科技伦理属于应用伦理学，并可以纳入广义的规范伦理学范畴[2]，所以本书将部分地遵循规范伦理学的范式[3]。

---

[1] 在已经制定了关于科技评估的法规、规章的情况下，科技评估在我国语境下已可纳入科技法范畴，而不仅是科技政策范畴。
[2] 伦理学可以简单划分为规范伦理学和非规范伦理学，参见周中之.伦理学[M].北京：人民出版社，2005.规范伦理学包括一般规范伦理学和应用伦理学等，非规范伦理学包括描述伦理学和元伦理学等。科技伦理学是应用伦理学的分支，虽然学界普遍认为应用伦理学是一个独立的学科，但应用伦理学通常是运用伦理学的一般原则、规则去分析处理实践和社会领域中的具体道德问题，因而有时也被称为应用规范伦理学，可以纳入广义的规范伦理学范畴。
[3] 规范伦理学以"应当"为中心，它规定人们应该如何行动，并带有价值判断，而对科技活动的伦理评估也是一种价值判断行为，其指向科技活动应该如何开展才符合伦理要求，所以与规范伦理学相符合。

1.1.2 研究意义

ELSI要求科技活动符合伦理原则，并在法律的框架内运行，以对社会产生有利影响，其中的关键就是"伦理"与"法律"在科技活动中的融合。然而在我国的科技评估领域，无论是在理论上还是在实践中，伦理与法律的融合都非常少见，但在科技伦理评估领域，这种融合特别必要。科技伦理评估必然要关注科技伦理，而评估本身又属于法治活动范畴，其必须依法开展，故关键不在于科技伦理评估中的"伦理"与"法律"要不要融合，而在于如何融合。

本书提出，在科技伦理评估中，不仅要关注伦理原则，还要关注法律权利。这一思路既与科技伦理评估的内涵一致，也与ELSI的研究范式相合。现代西方科技伦理以责任为核心，但有责任必有权利，权利伦理也是2000年来科技伦理研究的一个重要路向。与权利伦理的研究目的不同，本书提出，在科技伦理评估中，关注法律权利的原因更加现实：一是科技评估主要是一个权力行为，即其一般是公权机关主导的对科技活动的规制行为，科技伦理评估也不例外，为了防止评估权力滥用，必须对权利予以重视并保护，因为保护权利是制约权力的不二之选；二是关注法律权利是实现伦理治理（Ethical Governance）的必然要求。伦理的约束一般是内化的，通常依靠教育手段实现，以期其成为一种内在的引导和制约力量。但伦理约束缺乏强制力——规范科技活动向"善"和向"美"的落脚点不仅在于对科技行为进行伦理评价，还在于评价后如何行动，即如何治理。伦理治理当然是伦理的，但在科技已成为一种社会建制的背景下，科技的伦理问题必然会带来社会问题，而解决社会问题需要更多地依靠法治，所以，伦理治理应当包含更多元的内涵，本书所采用的伦理治理[①]的定义就包括了伦理和法律协同治理的内容，而关注法律权利是法律治理的应有之义。同时，关注法律权利也是对科技法治化的呼应，在依法治国的国情和大科学的语境下，科技活动治理业已成为国家法治的重要领域，科技制度行为在很大程度上已是科技法治行为，科技评估作为科技法治行为中的一种，其主要类别之一的科技伦理评估，理应以开放的姿态接

---

① 有学者认为，生命科技领域的伦理治理是"以各种方式或机制把政府、科研机构、医院、伦理学家（包括法律专家、社会学家等）、民间团体和公众联系到一起，发挥其各自的作用，相互合作，共同解决面临的生命伦理问题，以及社会和法律问题"。参见樊春良，张新庆，陈琦.关于我国生命科学技术伦理治理机制的探讨[J].中国软科学，2008（8）：61.本书认为这一概念可以作为伦理治理的一般概念。

纳法治的重要内容——权利保护，且这里的权利一般指法律权利。

本书认为，伦理治理作为科技伦理评估的主线是必然的。任何一项法治行为都同时兼具预防、教育、指引和治理等作用，科技伦理评估也不例外，并且，由于伦理本身的特征，预防或防范是科技伦理评估约束力的重要体现。但本书更注重其治理能力，理由有三：其一，将治理作为主线能够使科技伦理评估与科技评估保持一致，科技评估是一种典型的法治行为，当前的科技评估具有鲜明的效果导向性，所以，对于实现治理有很高的追求，以治理为主线有助于使科技伦理评估更好地融入整体的科技评估体系；其二，科技伦理评估框架应当是一个能够自洽的系统，其不能将治理的任务移交出去，这样会削弱构建框架的意义；其三，预防，就其本质而言，是伦理治理的一部分，防止违反科技伦理的行为出现、杜绝或限制违反科技伦理的科技活动都是伦理治理的固有内涵。从这个意义上说，本书所谓的作为评估主线的伦理治理，不仅包括伦理和法律的协同治理，而且，就其作用而言，还可以将预防、教育和指引等都纳入其中，实是一个综合性的概念。

在上述分析的基础上，可以将本研究的理论意义归纳为三个方面：一是将ELSI的研究思路融入科技伦理评估，使科技伦理评估不再像原有的科技评估那样通常是单一的政策研究，而是走向广阔的科学技术与社会研究。二是阐明科技伦理评估的理论内涵。由于这一研究领域尚未得到系统开发，所以相关的理论内涵也罕有前人论析，本书将首先从科技伦理评估的概念源出发，经过深入辨析来探讨科技伦理评估究竟是什么，然后基于伦理评估是科技伦理评估主干的理由，从伦理学中的道德理论出发，寻求科技伦理评估的理论基础；又根据科技伦理评估具有科技伦理和科技政策（法）交叉属性这一事实，从伦理学和法学交叉研究的角度出发，探寻确定科技伦理评估标准的思路。三是建构一个最大限度弥补伦理自身缺陷的科技伦理评估框架。伦理约束存在强制力弱的问题，国内外各项与科技伦理评估相关的研究普遍存在治理环节薄弱的问题，为了完善这一环节，本书以伦理治理为主线，并特别关注法律权利，力求使治理问题在框架内得到解决。

本书的实践意义体现在：为科技伦理评估建立框架能够为科技评估政策制定者提供决策参考，也能够为科技评估执行者、科技活动管理者提供执行办法和管理方法方面的支撑，对于公众认识科技活动的伦理问题也有一定帮助。此外，科技评估是评估权力的行使行为，科技伦理评估也必然涉及评估权的行使，所以，必须考虑权力的规范运行问题，而规范权力的最佳手段是保护权利，本书关注公众和科研人员的法律权利，对于保证评估程序合理运转、规范评估权力行使有实际价值。

1.2　研究综述

1.2.1　研究梳理

我国2016年颁布的《科技评估工作规定（试行）》明确了科技评估的公权力性质，并将科技评估基本限定于评估科技活动效益范畴。2018年，我国相继颁布《关于深化项目评审、人才评价、机构评估改革的意见》《国务院关于优化科研管理提升科研绩效若干措施的通知》等科技评价体制改革的政策，但"效果"和"效益"依然是其中的主要关键词，对于科技活动的伦理影响缺乏关注。

我国关于科技评估的研究大致分为四个阶段。

第一阶段（1988—2000年）始于对国外科技评估的介绍[3]，呼吁我国应重视科技评估[4]。

第二阶段（2001—2007年）的研究重心转移到科技评估体系建设上[5-6]，该阶段虽有学者意识到科技评估体系缺失伦理之维[7]，但并未引得学界跟进。

第三阶段（2008—2012年）研究着眼于总结国内经验和借鉴国外最新经验[8-9]。也是在这一阶段，学界开始关注科技评估的哲学问题[10-11]。

现阶段（2013年至今），科技评估研究向立体化、综合化方向发展，既有宏观政策性研究和国内外评估体系比较研究[12-13]，也有评估指标构建等微观量化研究[14]。2017—2020年，国内出版了不少科技评估方面的著作，但大多是教材性质的（可用于科技评估师培训），如《科技项目评估实务》[15]（2020）、《科技评估方法与实务》[16]（2019）、《科技成果标准化评价理论与实务》[17]（2018）、《国际科技评估方法与实践》[18]（2017）等。专著方面仅有《区域科技创新人才政策效果评估：基于北京市微观数据》[19]（2020）、《中国科技创新政策评估研究》[20]（2019）等寥寥数种，且基本没有涉及伦理问题，仅在部分章节提到了生态文明和社会发展对科技价值取向的影响。

各类科技评估研究与政策的导向几乎完全一致，无论是从制度层面还是从评估实践层面出发，学者们基本都紧盯科技活动的实际效果，这与我国当前效果导向的科技评估立法宗旨一致，是对科技评估效果导向的呼应，但同时也反映出学界对科技影响人类精神生活的忽视。

一些涉及评价评估的科技伦理研究则主要是对基本概念的阐释，同时呈现出关注具体科技活动的倾向。如分析科技伦理评价的本质[21]、对生命伦理的评价主体和客体等方面作方法论探讨[22]、对工程风险进行伦理评价并提出可用措施[23]、在阐释科技伦理实体行为的基础上，讨论建构针对性的伦理评价机制[24]、提出转基因技术的伦理评价要结合其应用目的展开[25]、分析工程可接受性中存在的多元价值冲突问题[26]等。如果将视角从科技评估拓展到科技政策，就会发现2010年后对科技政策的伦理反思研究已渐成气候，这类研究通常会将科技伦理领域的政策缺位问题作为核心议题，然后或借鉴国外经验或根据国内实践情况提出政策建议[27-28]。

由于伦理评估一般是在一个框架内进行，本书也致力于构建一个可以对科技活动进行伦理评估的框架，所以特别考察了国内外一般伦理评估框架和科技伦理评估框架的研究。伦理评估框架（Ethical Framework 或 Ethical Judgment Framework 或 Ethical Assessment Framework），又称伦理评估架构（Ethical Judgment Structure），是规范伦理学的研究内容，其核心是评价标准，其基本含义是一种体系化的评估方法和步骤，伦理评价是其主要内容。伦理评价的研究始于从伦理学角度解析技术评估，如德国学者Gèunter Ropohl于1996年出版《伦理学与技术评估》（Ethik und Technikbewertung）一书。早期有一些学者将伯纳德·朗尼根（Bernard Lonergan）在《洞察：人类认识研究》（Insight: A Study of Human Understanding）中提出的伦理框架作为科技评价的公式型框架，后来又将理查德·M.福克斯（Richard M. Fox）等在《道德理性：应用伦理学的哲学进路》（Moral Reasoning: A Philosophical Approach to Applied Ethics）一书中提出的六步骤伦理框架广泛应用于评价科技活动。再后来，一些学者开始将基于经典伦理理论构建的新的伦理框架用于评估具体科技活动，如加拿大华人学者许志伟运用源于宗教伦理的位格伦理理论构建框架评估生命科技[29]。因此，评估框架的研究最初并非产生于科技伦理领域，只是随着科技的发展，各种伦理评估框架被应用于科学研究和科技发展。下文将介绍三个经典的评估框架。

第一个评估框架建基于伯纳德·朗尼根的认知过程理论，作为20世纪最重要的思想家之一，朗尼根为解决不同伦理原则之间的冲突提供了一个基本框架，美国锡耶纳赫兹大学的泰德·邓恩（Tad Dunne）在为他编辑的词条中写道："首先，他让我们思考接触到知识时我们自身会发生什么，然后，他定义了相应的客观性认识论的意义，在这里，他框定了科学中适用的基本形而上学范畴。最后，他提出了一个有条理的合作框架，用以解决所有这些规则的基本差异"[30]。朗尼根在他的重要著作《洞察：人类认识研究》中提出了经验、理解和判断三个认知过程[31]，其后在《神学方法论》（Method in Theology）一书中将决策也纳入其中[32]。后来的学者将伯纳德·朗尼根的认知过程理论应用于伦理评估框架，发展出四步骤法。

第二个比较常用的评估框架是安达信（Arthur Anderson）在1992年出版的《商业伦理计划：伦理基础介绍》（Business Ethics Program. Ethics Foundation Presentation）一书中提出的，这决定了该框架具有商业伦理性质。这一框架是比较完整的，分为七个步骤："事实是什么？""有什么道德问题？""有哪些解决方案？""有哪些主要关系人？""有什么道德上的限制？""有什么现实中的限制？""最后应该作什么决定？"[33]

第三个框架是理查德·M.福克斯和迪马克（Joseph P. DeMarco）在《道德理性：应用伦理学的哲学进路》[34]一书中提出的，包括"建构一组问题""收集资料""探寻不同意见""评估各种意见""作出决定"和"采取行动"六个步骤，这一框架特别适用于伦理问题发生之前的评估。

上述三个伦理评估框架被广泛应用于各种伦理领域，也包括科技伦理领域，但21世纪以来，科技伦理评估框架研究呈现出一系列新的特点。能够与我国"科技伦理"一词相对应的英文词组有Science Ethics、Scientific Ethics、Technology Ethics等。其中，Technology Ethics的含义与"科技伦理"最为接近，而Engineering Ethics虽被直译为"工程伦理"，其实也属于广义的科技伦理范畴。由于我国的"科技伦理"是一个集合性的概念，上述英文词组其实对应着科技伦理的子类，如根据科技活动发生场域对科技伦理进行分类，可分为科学（科研）伦理（Science Ethics、Research Ethics）、技术伦理（Technology Ethics）和工程伦理（Engineering Ethics）等子类。同时，又可根据学科领域将科技伦理划分为生命伦理（Bioethics）、医学伦理（Medical Ethics）、生态伦理（Biology Ethics）等。在梳理国外文献时，本书遵循了"务求穷尽"的原则，根据这些子类对国外科技伦理评估框架文献进行了深入的搜集和分析。

2010年来，国外许多学者已不满足于将经典理论和框架套用到科技活动评价领域，渐渐开始走出新的特色之路，主要呈现以下特征：科学研究伦理框架日趋精细化[35-36]；工程伦理框架走向商业化[37-38]；研究集中于医学科技、信息科技[39]、生态科技[40]和生命科技[41]等几个特定学科领域；研究视角从一国拓展到全球[42-43]；已有研究开始将伦理框架应用于科技政策的制定和实施[44-45]。此外，一个比较大的趋势是将伦理框架与法律框架结合以发挥合力，如欧洲的三个关于新兴技术伦理的项目（PANELFIT, SHERPA和SIENNA）就致力于建设信息和通信技术、大数据分析技术、人工智能和机器人技术的伦理和法律框架[46]。

在医学科技领域，从临床到科研都是研究关注的重要内容。如在一项临床案例伦理评估方法的研究中，研究者开发了一个程序，该程序可自动生成一个流程图来进行伦理评价[41]。另一项针对妇科领域伦理两难困境的研究则在总结四种伦理范式——功利主义、原则主义、本体论意义上的个体主义和亚氏—托马斯客观伦理的基础上，从伦理评估出发，提出了一个解决伦理问题的可行方案[47]。对于医学影像研究计划引发的伦理困境，有学者通过访谈和定性分析，提出了一个包括七个步骤（结果预期、信息提供和知情同意、样本采集、样本分析、异常诊断的会诊、结果交流和对参与研究者的后续跟踪）的伦理框架[48]。

随着信息科技迅猛发展，其伦理评估框架研究也日渐繁盛。学者们格外关注大数据技术的伦理问题，如有研究人员指出，开放共享的社交媒体数据引发了新的伦理问题，研究人员、知识库和数据管理者必须直面这些问题，他们提出了一个"STEP"框架，这一框架可以作为实现安全、遵循伦理和使社会媒体数据研究可持续的一个重要"步骤"[49]。对于在企业健康计划中使用大数据收集技术从而引发侵犯职工隐私、产生就业歧视等负面影响的问题，研究者们提供了一个伦理框架，帮助节省成本和减轻职工压力[50]。隐私是信息伦理关注的重点，有学者针对自动化、可穿戴相机的滥用和对隐私的侵犯问题制定出伦理框架[51]，而对于大数据研究面临的隐私和伦理挑战，有学者指出，新的伦理框架关心的不是数据是否应该用于研究，而是如何从尊重伦理和隐私的基本原则中获取利益[52]。

生态伦理也是近年的研究热点，关注点包括对生态科技应用领域的伦理约束——如对气候服务中伦理框架建构的呼吁[53]，以及将生态环境伦理应用于商业的研究——如从生态环境伦理出发探讨水产生物行业既有伦理框架的缺陷[40]。

全球化视野是科技伦理评估框架研究的一大特征。如在一项名为"全球精神病学伦理框架"的研究中，作者"提出了一个多过程的步骤，以协助全球执业精神病学家认识伦理困境，并根据各自的道德价值评估潜在的行动方针"[43]。针对为第三世界提供慈善保健的志愿者越来越多的情形，研究者为短期国际医疗活动制定了一个伦理框架，分析这种服务的道德影响，并提出了27个需要遵循的原则[54]。在传染性非典型肺炎疫情暴发后，有学者对全球公共卫生实践的伦理框架产生了兴趣[55]。2017年，有学者在其博士论文中为全球卫生治理制定了一个以美德为基本元素的伦理框架，该框架包含同理心、同情和关怀三种美德[56]。

科学伦理评估框架研究越来越趋向精细化。早在20世纪80年代，就有学者讨论了科学验证这一微观问题，其认为统计意义作为行动基础的价值影响是实验验证中的核心问题，因此，对实验的解释和应用既满足科学性又具有伦理基础的统一的"效度"观点是必需的[57]。2010年以来，学者则对科学研究的设计表现出兴趣，有学者提出，科学研究设计中的伦理评估应该处理对动物、人、组织和社会，包括后代人的潜在风险，尤其是在事关安全的关键制度和技术的评估中[36]。

在工程伦理领域，学者更偏爱处理实际问题，特别注重在工程管理实践中构建工程伦理框架。有学者为建筑施工过程中的行为设计了一个伦理评估框架，该框架主要以职业责任的伦理维度为基础，由包括技术、专业、行政管理和其他杂项在内的描述性方法组成[37]。为了使技术企业可持续发展，有研究以工程伦理的形式将关怀伦理和可持续伦理引入一个引导和训练工程管理人员进行反思实践的伦理框架[38]。此外，研究人员开始关注后常规科学背景下工程伦理的转向，如有学者指出了当前工程伦理中的三个缺陷，认为后常规科学的发展可能有助于重新设计工程实践中更高的道德规范[58]。

需要特别指出的是，伦理评估框架已在科技政策的制定和实施中得到了广泛的应用研究，此类研究是国外ELSI研究的重要内容，研究者中不乏各国的优秀法学学者。如有学者建构了学习型医疗制度的伦理框架，确保在制度内开展的学习活动以合乎伦理的可接受的方式进行[59]。在2012年发布的《结核病药物试验良好参与实践指南》(*Good Participatory Practice Guidelines for TB Drug Trials*, GPP-TB)的基础上，学者们建立了一个框架，用以评估结核病临床药物试验良好参与性实践的伦理结果[45]。伦理评估框架被纳入科技政策评估，有研究指出，伦理评估已成为卫生技术评估（Health Technology Assessment，HTA）领域的重要组成部分，并提出采用一个开放的伦理评估框架，以确定每一项卫生干预措施中的利益相关主体，从而在HTA的整个实施过程中明确各方的伦理后果[60]。出于改善HTA伦理评估步骤的目的，有学者以多阶段研究方法建立了一个改进HTA

实践中伦理整合的框架[44]。更进一步的研究则将伦理评估框架直接作为政策制定的依据，在一项全球性流感防治的对策研究中，作者从临床、组织和公共卫生伦理的专业知识中发展出一个由利益相关者参与验证的伦理框架，该框架为全球性流感的伦理规划提供了实质性和程序性的元素[61]。

我国关于科技伦理评估框架的研究整体缺失，多数研究止步于单纯的伦理评价。如有学者在区分科学技术含义的基础上，探讨了对科学技术进行伦理评价的本质及这种伦理评价对科学技术的作用[21]，其后的研究开始关注具体科技领域的伦理评价，如对生命伦理的评价主体、客体、内容、依据和标准等方面作方法论探讨的研究[22]。早期还有学者提出了科技伦理评价和伦理预见具有实质一致性的观点[62]。现在已有少数学者开始将伦理评价应用于科研伦理领域[63]。21世纪以来，工程伦理成为学界研究的热点，有学者对欧美的工程风险伦理评价作了述评[64]，也有学者在对工程风险进行伦理评价的基础上，提出了可用的措施[23]。与国外一样，我国伦理评估研究也开始走向政策应用[65]。在2016年的一项理论性研究中，作者在强调现代科技伦理实体行为的重要性的基础上，讨论了如何建构有针对性的伦理评价机制的问题[24]。

其他一些非以伦理评价为主题的科技伦理研究也对伦理评估或评价有所提及，如《科技伦理研究的三重向度》[66]《论科学伦理道德规范的3H模式》[67]《约束与选择：现代科技伦理问题的制度探索》[28]《工程伦理生成的道德哲学分析》[68]《对几种工程伦理观的评析》[69]和《技术的三个内在伦理维度》[70]等。

难能可贵的是，我国已有学者开始做科技伦理与法律的融合研究。如有学者针对现代科技发展的异化问题，提出建立法律问责机制，实现责任伦理的诉求[71]；另有学者针对科研不端日渐严重的现实问题，提出在科研管理中强化法律力量，实现科研伦理的法律化[72]。本书也以隐私权为中心开拓了科研不端法治化治理的研究视角[73]。虽然这些研究基本还停留在就事论事的层面，但毕竟向科技伦理与法律规制的融合迈出了第一步，或可作为本书科技伦理评估框架研究的一个前期准备。

相较而言，我国台湾地区关于科技伦理评估框架（台湾地区更多使用"评估架构"一词，对应英文Judgment Structure）的研究已有一定基础。伯纳德·朗尼根的认知过程理论在台湾地区学者中受到广泛认同，有学者将其作为衡量科技伦理评估框架的四大基本要素[33]。安达信的七步骤法在台湾地区的应用非常普遍，不仅在课程教学中被使用[74]，还有学者将其中的第三步骤和第四步骤调换位置，发展出更加适应科技伦理评估的框架[75]。台湾地区科技伦理评估框架（架构）研究的一大特点是,许多研究都将限制评估框架正常运作的影响因素纳入考虑范围。此外,ELSI研究在台湾地区已比较普遍和发达,如有学者对基因科技伦理与法律做了非常详细的研究[76]。不同于国外针对具体科技领域进行伦理评估框架研究,台湾地区关于科技伦理评估框架的研究多是构建统一的伦理评估框架以将其应用于整体的"科技活动",造成这一差异的原因可能是国内外对于"科技"的认识存在差别。

有学者考证,"科技"一词最早产生于我国20世纪四五十年代的报刊,在改革开放之后得到广泛应用[77],事实上,我国台湾地区对"科技"一词的使用也非常普遍。因"科技"一词具有本土特色,在英文中很难找到与之直接对应的词,其内涵大概等同于英文的科学(science)、技术(technology)之和,有时也包括工程(engineering)。因为"科技"在我国是一种整体性概念,所以,台湾地区对于科技伦理评估框架的研究通常着眼于构建整体和宏观的框架,而不是构建微观的具体科技领域的伦理评估框架。

在文献综述的基础上,将国内外关于科技伦理评估框架的研究加以综合,大致可以为各项研究的现有评估框架勾勒出一个普遍的轮廓①(图1-1):评估框架的基本结构是步骤和方法,起点是伦理问题,核心是评估标准,标准以伦理原则为主要内容,有时会考虑评估框架的限制性影响因素。

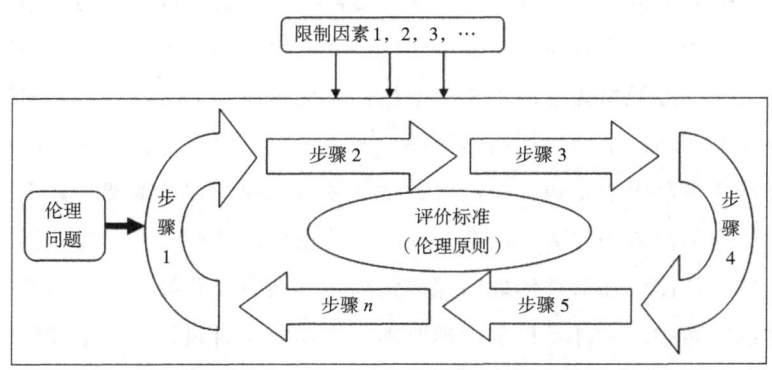

图1-1 国内外研究中伦理评估框架示意图

---

① 这一轮廓是对国内外研究情况的综合,尽管国外近年来的研究没有涉及整体性的科技伦理评估框架,但从其对各种性质和各学科领域的科技伦理评估研究中大概能总结出相似的评估进路,然后与国内特别是台湾地区的评估框架(架构)研究相结合,得出整体性的现有框架轮廓。伦理原则是评估标准的主要内容,这一点在国内外的研究中没有区别。

1.2.2 总结分析

从国外研究中得到的启发有：评估标准是评估框架的核心，其主要内容是伦理原则；科技伦理评估框架应当能够解决具体学科领域的伦理问题，因而要对具体学科领域的伦理特征作总结归纳；研究视角是可以跨越国别的；对于科学伦理与技术伦理、工程伦理之间的区别必须有清醒的认识，既要关注科学活动的研究特征，也要关注技术、工程的应用情况；在研究中，特别是在科技制度和政策应用类研究中，要遵循ELSI的研究范式，注重法律与伦理的融合。

从国内研究中得到的启发有：我国语境下的科技是一个综合性的概念，所以，对科技伦理评估框架进行整体性研究是可行的，台湾地区学者的探索充分表明了这一点，并且这种整体性研究也符合我国重视整体性的文化特征；在进行伦理评价时，既要关注评价的主体，也要关注评价的客体；需要根据实际情况对固有的评估框架进行改良和调整，且需要注意对评估框架产生影响的限制性因素。

对国内外伦理评估框架研究的研究现状和趋势中存在的问题可作如下总结。

国外直接以伦理评估框架（Ethical Judgment Framework、Ethical Assessment Framework等）为名的研究较少，大多以伦理框架（Ethical Framework）为名，但实质上都带有评估的性质。国外的伦理评估框架研究通常以认知为进路，使得评估视角以个体为主，一般在涉及政策应用时才会出现第三方视角，而事实上，伦理评估应以第三方视角为主；各种框架往往以伦理原则的应用为主要内容，并将伦理原则作为评估标准指导评估的开展，框架偏重程序和步骤，对主体和客体关注不足；研究多着眼于微观，聚焦特定学科领域的伦理评估框架，具有解决问题的针对性，但见微未必知著，没有统一的科技伦理评估框架，仅在具体领域作探讨，缺少把握整体科技活动伦理问题的大局观。在研究路径方面，国外的研究可大致分为以下两种：一种是设定伦理原则，论述特定科技领域的伦理特征，将伦理原则与实际结合建立框架；另一种是论述特定科技领域可能导致的伦理问题或存在的伦理隐患，然后引入合适的伦理原则构建框架。这样的研究路径依然是从伦理到伦理，缺乏开放性。由于研究路径的局限，故ELSI研究一般只在科技评估框架的制度和政策应用类研究中出现，且由于没有将法律的价值和原则融入评估过程，此类研究中仍然存在割裂法律和伦理的现象。

我国科技伦理评估框架研究尚未成型，尽管早已有研究开始关注伦理评估的程序和方法[78]，但其研究对象非科技伦理，其中的"程序"和"方法"也不能涵盖评估框架的主要内容；科技伦理研究和伦理评估研究结合度不高，多数科技伦理研究没有提及伦理评估，而伦理评估研究则以教育伦理评估研究、商业伦理评估研究和一般职业伦理评估研究为主，少数在科技伦理中关注伦理评估的研究也尚未体系化和立体化，仍停留在平面化的伦理评价层面，即研究目的主要是对具体科技问题进行伦理评价和提出建议，并未像国外一样形成系统的——遑论可重复使用的伦理框架。由于朗尼根的认知过程理论对我国台湾地区研究伦理评估框架的学者影响深远，台湾地区的此类研究基本也以认知为路径，所以，与上述国外研究存在的问题类似，我国台湾地区学者构建的评估框架同样以评估标准为核心，注重步骤，但对评估方法的论述略有欠缺，对于主体和客体则鲜有提及。

国内外研究的一个共同缺憾是，对于伦理治理的关注不足。即使是对微观问题的研究，也很少提及治理，虽然国外许多伦理学者已经开始进行科技制度和政策应用类的伦理评估研究，但本质并非为了实现科技伦理评估的治理，实际上依然停留在提供专业的伦理知识和对伦理问题的认定上。在这一缺憾下，国内外的各类研究都无法将伦理评估框架中的治理做到更好，这一缺憾与国内外对评估目的的定位有关，大多数研究都将伦理目标的实现作为评估的最终目的，事实上，形成合理秩序也应是目的之一，且这一目的是前一目的的表现形式和实现路径，显然，形成合理秩序更需要依靠伦理治理。伦理目标对个体自身的主观认知有较高依赖，而合理秩序必须在有效治理的前提下才能实现。

本书意图构建一个统一规范的能够为多个学科领域所用的——甚至可以涵盖科学、技术、工程等方面的，以治理为主线、遵循ELSI范式的科技伦理评估框架，该框架能满足科技发展需要，能为理论界讨论、为决策层借鉴、为实务界所用。本着此目的，本书着眼于解决两个问题：一是国内外，特别是国外现有科技伦理评估框架的研究以微观视角为主，聚焦具体科技领域，没有从统一的科技活动入手，也没有从统一的科技伦理入手，而我国台湾地区的研究虽对整体科技伦理评估框架进行了探索，但存在粗放性和初级性的缺憾；二是国内外科技伦理评估研究基本没有特别关注伦理治理的，也很少考虑法律权利问题，这与"伦理与法律"的融合研究在"科学技术与社会""科技政策研究"中日渐盛行的背景是不相称的。

上述分析将不同程度地体现在本书各章节内容中。在此，先基于国内外研究的启发和存在问题对本书要解决的两个主要问题，同时也是构建科技伦理评估框架的两个主要工作做阐述。

第一，确定科技伦理评估的标准。评估标准是一切评估活动的核心，评估标准不仅决定了评估如何开展，还决定了评估的实际效果。科技伦理评估也将围绕评估标准展开，所以，构建整体上的科技伦理评估框架首先就要把握好评估标准。研究评估标准需要解决两个问题，即以什么作为评估标准和如何确定评估标准。一般伦理评估的评估标准通常是伦理原则，科技伦理评估中也应以科技伦理原则为主，但选择哪些科技伦理原则作为评估标准及如何选择是要解决的两个重要问题。此外，科技伦理评估的标准是否仅是科技伦理原则也需要进一步探讨。

第二，尝试为科技伦理评估构建统一的框架。没有一个规范统一的科技伦理评估框架，仅将视角对准具体的科技领域，是无法在整体上把握科技活动伦理问题的，因而难以实现完整、高效的伦理评估。由于科技是我国的一个专有名词，发展至今已经被学术界和普通公众广泛接受，在法律法规层面和科学研究层面，均将该词作为一个整体概念，指称科学与技术甚至工程，因而，在我国建立一个统一的科技伦理评估框架是合宜的。我国台湾地区虽有学者已经在进行整体上的科技伦理评估框架研究，但遗憾的是，研究尚处于直接移植和粗放式地改造经典框架的初步阶段，因而并没有发展出从科技活动实际和科技伦理自身出发、以ELSI的研究范式为指导的高拟合度的评估框架。本书将尝试弥补这一缺憾。

1.3 研究路径

1.3.1 研究思路

本书的主要思路可以分解为四个方面的问题：一是科技伦理评估的研究进路在哪？二是如何从ELSI研究、科技伦理评估的特点中获得科技伦理评估的研究思路？三是以治理为主线的科技伦理评估框架怎样建构？四是这一评估框架的实际效果如何？

第一个问题起于科技伦理的理论梳理，通过阐释科技伦理的概念、性质和分类，阐释科技评估和科技伦理评估的概念及其相互关系、科技伦理评估的本质要求，来辨明科技伦理评估究竟是什么。然后通过分析伦理学中的道德理论基础，确定可用于本书科技伦理评估框架的理论基础。基于科技伦理评估的本质，在理论基础的指导下，通过对科技伦理原则的梳理，结合科技伦理评估的交叉属性，分析如何确定科技伦理评估标准。对科技伦理评估的基本认识，以及确立其理论基础和评估标准的选定办法是科技伦理评估的主要理论内涵，由于整个研究将在科技伦理评估理论内涵的指导下进行，所以，理论内涵的分析就是研究的起点，决定了研究的进路。

第二个问题将从评估标准入手，因为评估标准是评估框架的核心，框架要围绕标准构建，所以，从ELSI中发现确定评估标准的方法是研究思路的重要环节。首先，梳理ELSI研究的历程，从中得到有启发意义的经验，然后，就其主体内容——伦理与法律之间的关系进行论述。在论述伦理与法律之间的关系时，可能要借助法与道德的关系的一般讨论，进而讨论伦理原则与法律权利之间的关系。为帮助进行伦理治理，还需要对科技与法律权利的关系进行一定的分析①。在ELSI的启发下，完成对科技伦理评估框架评估标准选定办法的论证，并与第一个问题相结合总结出科技伦理评估框架的理论内核。

第三个问题事关评估框架的主干，需要对已有研究作出创新。经典的三个评估框架基本建立在认知的基础上，西方近来的研究也未能跳出此窠臼，本书认为，应当将视野放得更宽广一些。无疑，认知是进行评估的主线，但认知的视角应当是第三方视角，而不是个体视角，否则会陷入伦理决策与伦理评估混淆的窘境。各种研究都非常重视评估步骤，但正如伦理决策的四大环节[79]并非依次出现的一样，伦理评估步骤也需要考虑具体情形，在评估的主要元素未弄清

---

① 科技与法律权利的关系大致包括科技的发展对法律权利产生多维度的影响（科技发展影响权利，如使安乐死更安乐，使堕胎更安全，使死刑更舒适；科技创造新的权利，如信息科技的发展催生出被遗忘权、可携带权、信息产权等），社会的反思呼吁科技发展更重视公众权利，科技面对种种权利吁求而设置的障碍可能会反向侵害科研人员的研究自主权等权利，违反科技伦理会直接和间接侵损多种权利（直接的如违背诚信原则，通过欺骗获得课题、声誉，对他人不公正，影响他人平等权；在不合格的情况下取得资格，如医生资格，会侵害患者生命健康权。间接的如侵害利益相关方的政治权利、商业权利等）。侵损权利的主体是多元的（公众、科技工作者、应用科技成果的企业、科技管理部门等），侵损权利会导致伦理上的二次非难（如侵害公众权利会造成不信任的扩散，这种扩散有两种形式：一是不信任该主体包括此前行为在内的所有行为；二是不信任所有科技工作者）等。本书将选择其中的重点内容进行分析。

的情况下，步骤也难以确定。因此，必须先讨论"谁来评估""评估的标准是什么""评估什么""遵循什么程序进行评估"等主要元素，这四个主要元素简单来说就是主体、标准、客体和程序，它们是框架的"龙骨"，决定了认知的视角和步骤的确立。其中，"标准"是"骨髓"，围绕"标准"才能构建出丰满的框架。确立评估标准需要解决两个问题，一是选定什么原则作为评估标准，二是根据什么来选定原则。后者是前者的前提，需要在确定科技伦理评估的理论基础后进行推导论证，前者则可在后者解决后考察科技伦理评估制度实践予以确定。评估程序要与伦理治理的主线切合，或者说，治理的思想应当体现在整个评估程序中，无论是评估主体的评估行动，还是评估标准的确立，都需要考虑伦理治理的实现问题。此外，也需要结合对科技伦理评估的制度考察对框架的影响因素进行分析，如一国的社会价值观、大体的科研环境和其公众对待科技伦理问题的态度等。

第四个问题实质是科技伦理评估的可操作性及有用性问题，这是本书成果的实践应用问题。由于科技评估属于权力运行活动，本书无法直接应用评估框架进行评估活动，所以将用通过问卷调查和个案研究得来的经验来检视评估框架，发现构建的评估框架存在的需要修正完善的问题，从而使本书的研究更具现实意义。

此外，为了使科技伦理评估框架更具有生命力，本书将在最后对科技伦理评估本身进行哲学反思。反思是对本书研究成果的自我检讨，同时也是对后续研究的主动抛转。

本书涉及的理论包括但不限于：专业伦理理论、伦理评价理论、权利理论、利益衡量理论和法治理论。

1.3.2 研究方法

首先做一定的探索性研究（Exploratory Research），根据探索性研究的结果，开始针对要研究的问题搜集资料。本书的最终目的是构建科技伦理评估框架，重点是要确立评估的标准[①]，然后再围绕该标准建构框架。所以，首要的问题就是选

---

① 如上文所述，评估标准是框架的"骨髓"，故抓住这一核心，最能构建出科学合理的科技伦理评估框架。

定什么样的评估标准和如何选定评估标准。由于现有的伦理评估标准一般是伦理原则，伦理原则的论述基本存在于已有文献中，因此首先要进行文献研究，而解决"选定哪些科技伦理原则"作为评估标准和"如何选定"的问题则需要理论研究与实证研究相结合。

根本而言，"如何选定"是个理论问题，因而必须要对伦理学的道德理论基础进行阐释，从中发现适合本书的理论基础，再根据该理论基础阐明应当从什么角度入手来解决"如何选定"的问题。"选定哪些科技伦理原则作为评估标准"事关评估的实际操作，因而需要从实践出发。本书将对科技伦理评估的制度实践进行考察，由于目前国内外尚无纯粹的科技伦理评估的制度实践，所以本书将以科技伦理法规政策为考察对象，各国的科技伦理相关法规政策直接规定了违背伦理行为的情形、主体、客体和治理措施，在其中能发现得到承认和被尊重的科技伦理原则。分析法规政策的最佳方法是法释义学研究方法，因此，搜集必要的法规政策，在数据分析的基础上，适当辅以法释义学的方法进行精读是可行的。此外，本书还将考察科技活动的司法判例，虽然违背科技伦理的行为目前尚不会直接成为司法规制的对象，但许多科技活动判例中会涉及科技伦理问题及科技伦理原则，这从侧面反映出哪些科技伦理原则可以成为科技伦理评估的标准。判例研究也是一种法学方法，本书将会适当借鉴这一研究方法对涉及科技伦理问题的判例进行分析。

在制度考察时，本书注重可用性和可比性，也即本书不是在搜集资料后即展开介绍与论述，而是对不同的资料进行交叉比对，确认其可用性后再进行讨论。由于选择的资料主要是制度资料，所以将会借助法社会学的比较研究方法，对所有资料进行动态法律（Law in Action）分析，也即将静态的法律材料（Law in Books）放到中西方的法律渊源、法律文化背景中进行分析，解决可比性问题，从而使分析更加科学和具体。

在框架构建后，对其进行修正和完善需要更为现实的方法。由于没有条件直接将构建出的评估框架应用于现实的科技伦理评估，所以本书决定借助问卷调查和个案研究来解决框架的检验完善问题。在科技伦理研究领域，已有研究以科研人员为主体开展过问卷调查[80]，加之科技与社会的关系日益密切，科技评估备受公众关注，所以，本书的问卷调查对象将以非科研人员为主，设计科技伦理情境量表，让受访者代入其中作出伦理评价和抉择，以发现最为公众所重视的伦理原则,然后再与已确定的评估标准进行比对,通过完善评估标准完善评估框架。在个案研究中,本书将从国内外最具代表性的几个案例入手,如2016年牵涉中国台湾大学校长杨泮池的科研弊案和2013年美国杜克大学Erin Potts-Kant科技伦理案,阐述这些案例在调查处理过程中的实际程序及其中的权利保护和责任承担情况,并与初步建成的评估框架作对比,发现评估框架在治理中存在的缺点和可行的解决办法,从而将评估框架构建得更为完善并具有实效。

本书在理论和实践资料的搜集上下了很大功夫。为建立统一规范和科学的伦理评估框架,本书广泛地搜集了关于伦理评估的中外文文献资料;为打开全球视角,本书搜集的所有资料都至少涉及中国和西方主要发达国家;为使得资料具有时效性,本书搜集的各项法规资料和案例资料的发布时间以2000—2020年为主。

整个研究以质性研究(文献分析、案例研究、法释义学研究等)为主,辅以量化研究(问卷调查),一方面,依靠理论研究和实践经验逐渐逼近问题的核心,另一方面,考虑现实社会的需求,构建出具有操作性的评估框架。这种以质性研究为主、定量研究为辅的研究方法本身并没有突出之处,但本书在研究方法的运用上具有以下独特性。

一是选择了提及科技伦理关键词的判例作为案例研究的主要素材。这在目前所能查到的关于科技伦理、伦理评估研究的文献中是绝无仅有的,原因之一是伦理问题通常不会进入司法程序,所以,学者会选择性忽视司法判例。但本书作出这种选择并非无视科技伦理问题与法律问题之间的区别,而是在综合考虑以往研究与本研究的区别后作出选择。由于本书以伦理治理为主线,所以采用科技伦理案例进行研究是一个优选方案,而现有的常见的科技伦理案例在治理上通常有所欠缺,其所适用的科技伦理原则也不能直接为本书所用(因为本书要建立的不是某一个科技领域的伦理评估框架,而是统一的科技伦理评估框架)。判例往往是大量的,涉及各种科技领域,本书在资料搜集时会选择提及科技伦理关键词的判例,这类判例一定会对科技伦理问题予以必要的关注,在这种关注中,必然会发现对相关科技伦理原则的尊重,而受到司法尊重的科技伦理原则对于本书评估标准的确定有极大的借鉴意义,所以,这种选择是恰当可行的。

二是在法律文化视野中比较中西方资料。对资料进行分析的目的是发现可用于构建评估框架的材料,这里存在一个可借鉴性的问题,因此,应当对资料进行文化背景(特别是法律文化背景)的分析(因为多数资料是法律资料)。西方的资料基本选自美国和欧洲，因而会结合法系、法律渊源、法律体系和社会法治环境进行分析，挑选出可以跨越文化、值得借鉴的素材，剔除无法跨越文化的素材。同时，对国内的判例和法规政策的研究以发现问题为主，结合国外资料中的有益经验，以他山之石来攻玉。此外，注意对法规政策和判例作一定的交叉比对。判例并非没有争议的，就如法规政策并非无瑕疵的一般，对判例所尊重的伦理原则和法规政策所推崇的伦理原则不仅需要进行法理上、哲学上和结合社会现实的分析，更需要在互相比较中去伪存真。

三是问卷调查和个案研究中的创新。本书中问卷调查的对象主要是普通公众等非科研人员，这与国内以往的调查有所区别，本书的问卷着重设计了可以代入的伦理抉择问题，便于探明公众的真实伦理态度，并以之检验评估标准。本书的个案研究选择的是最新的案例，在保证了框架可以适用于新问题新形势的同时，还能够通过分析个案的处理程序和内容，发现评估框架在治理中可能存在的问题，从而进一步完善框架。

本书与以往大多数研究不同，全面贯彻了第三方视角，更关注伦理评估的现实环境，将研究素材由文献和个案延伸至法规、判例等资料。与以往所有研究不同的是，本书将伦理治理作为伦理评估框架的逻辑主线，所有内容均为更好地实现伦理治理服务，且将伦理治理限定在一个综合的范围内——既有伦理约束又有法律强制，既包括治理也包括预防、指引和教育，力求使本书最终构建的评估框架更具实用性和可操作性。

1.4 路线框架

1.4.1 技术路线

本书的主体内容是评估框架的构建，前期的探索性研究、文献综述和资料收集等均为其服务也由其决定。评估框架的"龙骨"是主体、标准、客体和程序，其中，标准是"骨髓"，结合上述研究方法的分析，首先拟定评估框架的技术路线，如图1-2所示。

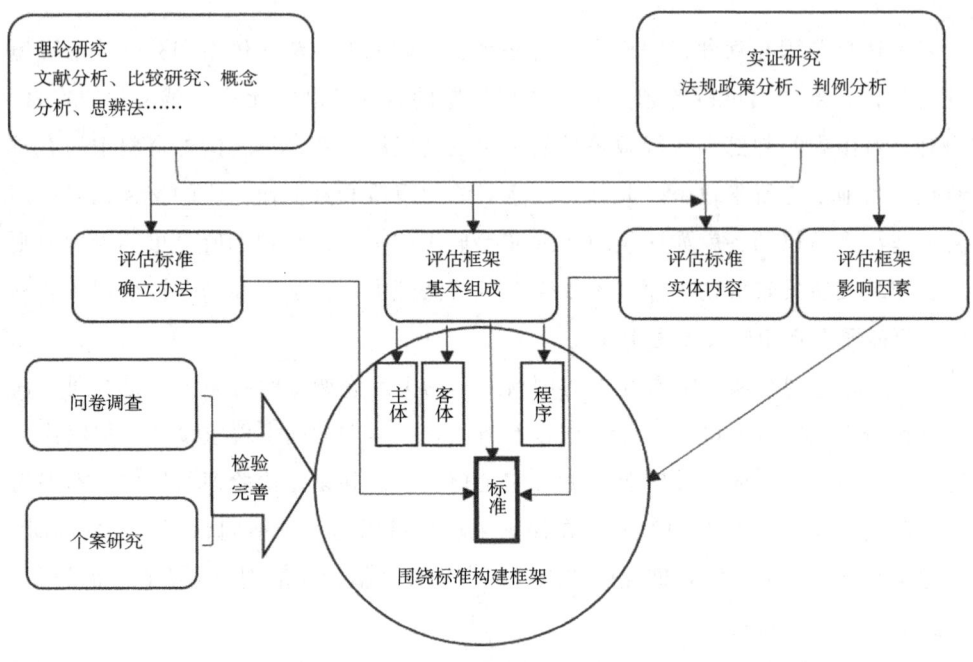

图1-2 评估框架技术路线图

该技术路线是针对研究的核心问题和最终目标——构建评估框架而拟定的技术路线，本书在此基础上再拟定整篇论文的技术路线。这也是总体研究方法的创新。

本书围绕评估框架的构建开展，所以，基于上述评估框架技术路线构建，全书的技术路线变得明朗化。

技术路线与研究方法和研究内容贴合紧密，也即技术路线融合了研究方法和研究内容，内容和方法上的创新均体现在技术路线中——文本交叉比对、法律文化背景比较的方法，以及重点关注评估标准、通过问卷和个案检验完善框架等内容均体现在图1-3中。

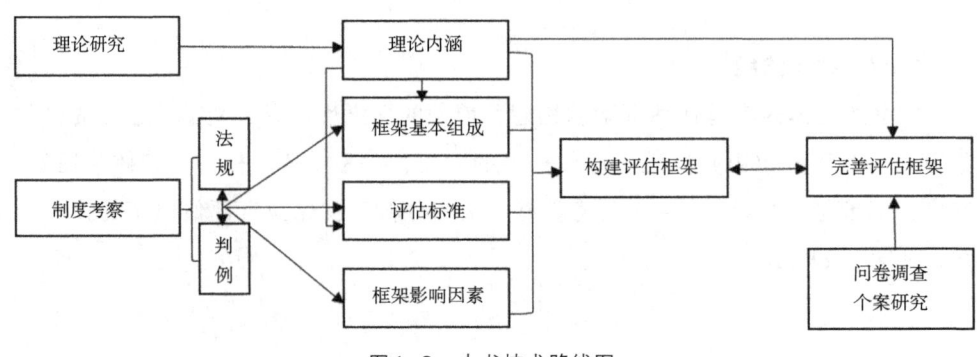

图1-3 本书技术路线图

1.4.2 总体框架

科技伦理评估的统一框架需要综合考虑评估主体、客体、标准和程序，这四者是框架的主干，其中，评估标准是核心，而伦理治理则是科技伦理评估框架的主线，主体与客体之间由伦理治理连接。简单来说，本书要构建一个以实现伦理目标和形成合理秩序为主要目的，以规范评估和保护权利为内核，并充分考虑本国国情的评估框架，这个评估框架是统一规范的，特别是在评估标准上，应与一般科技评估、具体科技领域的科技伦理评估相区别。

鉴此，本书存在三个需要解决的难题，即"统一规范""独特的评估标准"和"适应本国国情"，这三个难题的解决是本书可行性的重要保证。从理论上来看，国内外已对统一规范的评估框架开展了一定探索，国外的三个经典评估框架基本都有解决伦理共性问题的属性，只是鲜少被用于科技伦理领域，但这种研究方法被我国台湾地区的学者尝试应用于科技伦理领域，因此，在理论上有前人经验可资借鉴。为了确定适于本书的评估标准，本书将从科技伦理评估的理论基础出发，借鉴 ELSI 的研究范式，从理论研究和制度实践中发现选定标准的方法，进而选定特定的科技伦理原则作为评估标准的一个主要内容。适应我国实际的问题其实已在解决前两个问题的过程中一并得到解决——本书评估框架中科技伦理原则的选择和确立将完全以我国实际为前提，本书使用的材料以国内的法规、判例为主，在借鉴国外的法规、判例时，会特别注意与我国实际相结合，问卷调查也面向本国公众，从而在研究过程中消化解决适应我国实际的问题。此外，当前国外科技伦理研究的一个趋势是全球化视角，特别是在生命和医学伦理中，已有相当程度的理论准备，这使本书对国外的一些理论研究和制度经验的借鉴天然省去了整合和本土化的麻烦。在全球一体化的背景下，在构建人类命运共同体的目标追求下，我国的科技伦理评估框架在大的方向上不仅与西方并不相悖，甚至还走在前方，成为引领。

在解决上述难题的基础上，本书确定了五大研究内容：第一，从概念解释和辨析、科技伦理评估的本质要求、伦理评估道德理论基础介绍和评估标准的选定方法研究等方面分析本书中科技活动伦理评估的理论内涵，进而对评估框架理论内涵的核心内容进行阐释；第二，以欧美和我国的科技伦理政策法规为蓝本进行文本分析，了解目前我国和欧美科技伦理立法现状，同时对立法推崇的科技伦理原则和保护的法律权利进行梳理，再结合判例分析，把握司法实践中对科技伦理原则的尊重及对法律权利的保护情况，并在分析中外的法治文化、背景的基础上进行比较和借鉴，为确定评估标准的具体内容、分析评估框架各组成元素的内涵乃至为评估框架的构建提供经验；第三，根据理论和实证的研究结果，在构建评估框架时，首先梳理构建思路，然后对评估框架的主要元素（即主体、客体和程序、标准）进行论述，特别阐明评估标准的主要内容，最后初步建成评估框架；第四，采取问卷调查方法，探明在实践中，科技伦理案例的解决方法、程序，以及公众对待科技伦理问题、科技伦理原则和科技活动中法律权利的态度，检验完善评估标准，再通过个案研究，以实际案件的处理程序和处理方法检验框架在治理中存在的问题，最后对评估框架进行总体上的修正和完善；第五，对科技伦理评估进行哲学上的反思，反思将围绕一到两个基点对一些未尽问题作进一步讨论，重点思考科技伦理评估应当注意什么问题，从而更深刻地认识科技伦理评估的理论意义以进一步完善框架。

基于以上阐述，确定本书的总体框架，如图1-4所示。

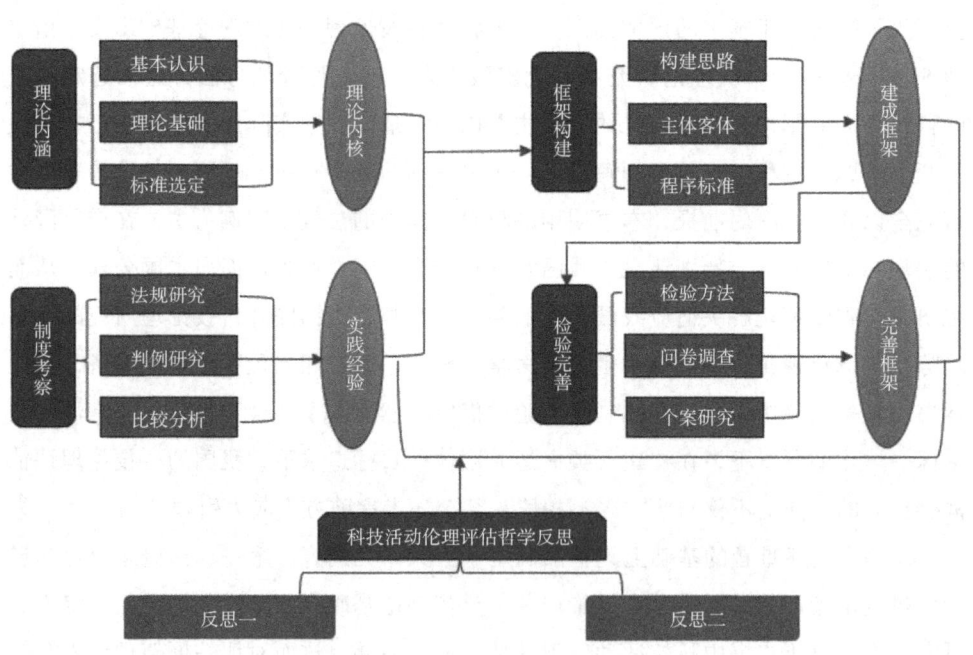

图1-4 本书总体框架示意图

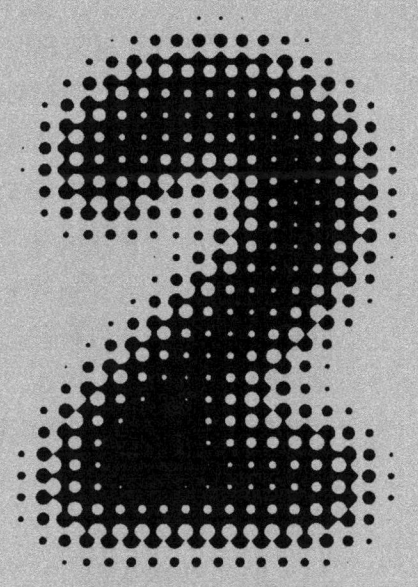

科技伦理评估的理论内涵

科技伦理评估框架的构建需要在理论指导下完成，本章的目的是探讨科技伦理评估的理论内涵，为框架的构建提供指导思想。由于理论内涵是一个内容广泛的议题，本章将根据探讨理论内涵的一般规则和本书的特征，聚焦科技伦理评估的基本认识、科技伦理评估的本质要求、科技伦理评估的理论基础、对本书而言特别重要的——科技伦理评估标准的选定四个理论问题，也即主要论证科技伦理评估究竟是什么、评估的本质要求是什么和怎样实现、评估的理论基础是什么、评估的标准应当如何确定。在深入阐明这几个问题的基础上，总结出科技伦理评估的理论内涵的核心内容。需要说明的是，本章及其后的内容都会将科技看作一个整体的社会建制，各项议题均在该理念下讨论。

2.1 基本认识

理论论证离不开对概念的梳理，为了使本章的论证能够在一个清晰严密的逻辑下完成，有必要对科技伦理评估的概念组成进行深入阐释。科技伦理和伦理评估是科技伦理评估的主要概念源，对科技伦理评估的基本认识将从此二者的概念辨析出发。

2.1.1 相关概念的辨析
2.1.1.1 科技伦理的概念、分类及其性质

科技伦理是本书的一个母概念，其是科技伦理学的研究对象，由于其源于伦理学的应用，即将伦理学应用于科学技术，所以属于应用伦理学的研究范畴。有学者将科技伦理定义为："与科技活动相关联的人或活动的行为规范和准则，它反映了科学活动的共同本质和人类对科技活动的共同理想。"[81]。狭义的科技伦理一般指学术伦理，广义的科技伦理则不仅关注科研人员内部道德，还关注科研人员对社会、自然的价值追求，本书采其广义。从本质上说，科技伦理是人们对科技进行反思而出现的衍生物，这与科学社会学及科学、技术与社会（Science, Technology and Society, STS）的研究路向相近。因而，深入了解科技伦理可以先对其反思的对象——科技——进行解析，如阐述科技伦理的类别就可以从科技的类别出发。

"科技"一词具有鲜明的本土特色,大致相当于科学和技术,有时也包括工程。对科技伦理进行分类应当与对科技进行分类保持一定程度上的一致,否则很难体现出科技伦理与科技活动之间的依存性,而这一点是科技伦理评估存在的理由之一。科技伦理是一个集合性的概念,按照不同的标准可将其划分为不同的类别,如可根据"科技"的内涵将其划分为科学(科研)伦理、技术伦理和工程伦理。科学伦理是研究导向的,其常存在于书斋和实验室中,通过科学与社会的关联向外辐射,所以,其在国外通常被称为科研伦理(Research Ethics),研究对象是科学研究中的伦理道德问题。技术伦理和工程伦理都是外向的,其发生的场域往往直接就在社会中,二者有时在同一条线上的不同端点,所以,国外经常将该二者混用。技术伦理用于规制技术行为,以使技术发展符合人与社会的伦理要求,工程伦理是调节工程活动的伦理道德体系,是面向工程活动的应用伦理,二者的区别源于技术与工程的区别,如果认为技术与工程只是科技应用的不同部分,则会在很大程度上消解二者的区别。另一种划分方式比较简单,即根据具体科技类别划分,也即从科技的种类出发,有多少种科技就有多少种科技伦理,但这种划分应当是有选择性的,如果过于微观,则会陷入无限枚举的窘境,所以,一般只在几个伦理问题较为突出的科技领域进行划分,如生命伦理(Bioethics)、医学伦理(Medical Ethics)、生态伦理(Biology Ethics)、信息伦理(Information Ethics)等,这几个领域也是当前国内外科技伦理研究的热门领域。

在进行科技伦理评估时,应当首先考虑一项科技活动适用哪种科技伦理,如科研活动适用科研伦理,技术活动适用技术伦理。由于每一项科技活动都同时是具体科技活动(也存在数种科技活动的交叉),因而还要同时考虑具体科技领域的科技伦理。

科技伦理的性质是对科技伦理评估有意义的另一重要问题。科技伦理属于专业伦理还是职业伦理在学界尚有争议,总体上看,国外一般将科技伦理纳入专业伦理范畴,而国内对此尚无定论。本书基本认同专业伦理说,但认为需要具体分析。

专业伦理与职业伦理的区别始于专业和职业的区别,放到人身上即是专业人与职业人的区别。一个人具有劳动能力,即可通过劳动换取薪资,长期从事一份工作,并对社会和人类有益[82],几乎所有具有劳动能力的人都可以拥有职业,至少在机会上如此。但拥有职业的人并非专业人,"专业人应当专精于某方面的知识,具备相关才能与专业伦理或道德"[75]。由此,可以得出结论,所谓专业伦理,其实超出了职业道德的范畴。一个专业人必须具有某一特殊的知识能力,这一知识能力是一种门槛,它比职业门槛高,专业伦理以这种知识能力为基础,不具备专业知识的人甚至不会受到专业伦理的约束,如在一个科研团队中,专业伦理主要约束团队中的研究人员,而团队中的会计、行政人员等一般不会受到科技伦理的约束,其受到的仍然是会计职业和行政职业的职业伦理的约束。因此,本书中的专业伦理不是指一名科研人员作为高校、科研院所工作人员或企业研发人员所要遵守的伦理,而是作为一名科学家所要遵守的伦理,从这个意义上说,科技伦理中的专业人是科学共同体。

科学家的伦理不同于职业伦理,尽管每一名科学家都应该同时遵守作为职业人的职业伦理,例如一名化学家,其需要遵守其所在工作单位的职业道德规范,但其更要遵守专业伦理,如其拥有制毒的专业能力,其所在的工作单位的职业伦理规范一般不会作出"禁止制毒"这样的规定,但作为一名科学家,其不能利用自己的专业能力做不符合科学精神的研究或应用活动,这就是一种专业伦理。如果按照科学(科研)伦理、技术伦理和工程伦理三分法的话,三者在伦理属性上应有一定的区别。

科研伦理的专业伦理性质比较明显。科研人员虽然是职业人,但其更重要的身份是专业人。如果其是教师,自然要遵守师德,这与一般教师职业道德无二,但科研伦理主要规范的是作为科学家的科研人员,其同时要遵守的是科学专业范畴内的求真精神等伦理规范——求真是科学的主要目的之一,科学家内心必然应该信仰求真。换言之,在科研活动范畴中,科研伦理与职业伦理是分开的,科研人员兼具科学家和教师(或其他)两种身份,科研伦理仅针对其科学家身份,是一种纯粹的专业伦理,只是在一定情况下需要考虑科研人员的职业身份,同样,科研领域的职业伦理规制的也只是科研人员职业身份下的行为,一般不会考虑其专业身份下的行为。

技术伦理和工程伦理则较为平均地兼具专业伦理和职业伦理性质。技术人员和工程人员仍然具有科研人员的身份,但由于其专业的社会导向性,其在工作时需要同时考虑行为、产品的效益性,因而,技术伦理和工程伦理中的职业伦理与专业伦理性质难以分割,并且,这里的职业伦理不仅是技术人员和工程人员自身的职业伦理,还有技术研发和工程实施的委托方的职业伦理,如研发产品要遵循企业伦理,符合企业利益,同时不能做虚假宣传,违背企业诚信等。

对科技活动进行伦理评估时的关注点因科技活动的种类和科技伦理的性质而异，在科研领域，主要从专业伦理角度关注科研人员的科研伦理，在技术和工程领域则对专业伦理和职业伦理给予同等关注。一般而言，具体科技伦理都会同时包括科学伦理和技术伦理（工程伦理），如具体科技的研究阶段的伦理属于科学伦理，应用阶段的伦理偏向技术伦理和工程伦理，所以，对待具体领域的科技伦理可以根据科技活动的不同阶段判断其伦理性质，进而发现恰当的评估关注点。

本书致力于将科技伦理作为一个整体，这个整体既不同于各个领域科技伦理的简单相加，也不同于固有研究直接从宏观上不分种类、性质地讨论，而是在分解基础上的综合，即一方面对各个类别的科技伦理进行分析，然后再将其统一到一个框架中，在框架中尝试将科研伦理和技术伦理、工程伦理进行分化下的融合，既关注科技伦理研究属性中的专业伦理，也关注科技伦理应用属性中的职业伦理。

2.1.1.2 伦理评估和科技伦理评估

伦理评估的相近词组有伦理评价和伦理判断，对应的英文词组是 Ethical Assessment、Ethical Evaluation 和 Ethical Judgment，这三组词在国内多出现于政策研究中，一般在政治学、经济学和管理学的论文中比较常见，在哲学领域反而不多见。三组词意义略有不同，如使用最频繁的伦理评价，有学者将其定义为"人们直接依据一定社会和阶级的道德标准，通过社会舆论或个人心理活动等形式，对他人或自己的行为进行善恶判断，表明褒贬态度"[24]，有学者更加直白，认为科技伦理评价"就是人们基于一定的伦理道德标准对科学技术作出的善与恶、肯定与否定的判断"[21]。伦理判断属于心理活动范畴，一般以个人的主观判断为出发点，在这个意义上，学者经常将其与伦理决策（Ethical Decision-Making）混用，伦理判断是对行为、事件善恶的辨别，确实是主体进行伦理决策的出发点。关于伦理判断的各项研究基本是在类似于心理实验的基础上展开进一步的探讨[83]，有学者指出，"伦理判断是对行为是否符合伦理原则的辨别，是人们对伦理情景中的行为是否可以接受的判断"[84]。相对而言，国内使用伦理评估的频率较低，国外则经常在政策评估中使用伦理评估，如一项关于卫生技术评估（Health Technology Assessment，HTA）的研究指出，HTA 中的伦理评估在技术评估过程中既对技术本身的伦理属性进行分析，又对其可能引发的伦理问题进行预测，同时还将 HTA 作为一个系统过程，对其组织结构、评估主体的角色责任、评估程序与应用结果及采用的价值体系进行整体的伦理评价[85]。国内有从事政策研究的学者将伦理评估看作"运用既定的道德原则和规范,按照一定的程序和方法,对行政决策备选方案的伦理水平进行分析和评价的过程"[78]。

对上述概念进行辨析,可以发现,伦理判断是一个较小的概念,由于其存在于主观认知中,属于心理判断范畴,一般很少有学者对其作清晰的定义,其通常作为一项实证研究的研究假设、前提出现。伦理评价高于判断,其是一种高层阶的判断,或者说是超越判断的一种定性,并且评价的第三方视角已经比较明显。伦理评估则更宽泛,是对评价的体系化和综合化,其包含了评价的过程和在评价基础上的分析。伦理评估更接近本书的研究内容。

Ethical Framework(伦理评估框架)是由两个单词组成的词组,在两个单词中间可以加入 Evaluation、Assessment、Judgement 等,这一概念已经超越了伦理评价、评估和判断的意义之争,是对伦理评估的升华,其外部构造更为立体,不是平面的评价、判断,而是体系化的方法和程序,其内涵包含评估、评价和判断的一般内容,与我国台湾地区使用的评估架构(Judgement Structure)类似,是一套"值得信赖且可在任何情境下使用的判断方法"[33]。当然,台湾地区的科技伦理评估架构研究还比较粗放,其基本上是将经典的三种评估框架进行一定的改造,然后进行套用。就本书对国外文献所作的综述来看,伦理评估框架更着重于解决伦理问题而不是回应现实问题,而本书以治理为逻辑主线,所以会更多地面向现实问题。

我国科技部制定的《科技评估工作规定(试行)》(以下简称《规定》)所定义的科技评估是"政府管理部门及相关方面委托评估机构或组织专家评估组,运用合理、规范的程序和方法,对科技活动及其相关责任主体所进行的专业化评价与咨询活动"。将这一定义拆分可得到主体、内容、程序和对象,即评估主体是"政府管理部门及相关方面",评估内容是"专业化评价与咨询活动",评估程序是"合理和规范"的,而"科技活动及其相关责任主体"应属于评估对象范畴。

《规定》在第三章中将评估委托者、评估实施者和评估对象定为评估活动的三类主体,事实上,评估委托者和评估实施者都属于评估主体,而《规定》中的评估对象则与评估客体有所混淆,评估对象不应当包括科技活动,科技活动应当属于评估客体,因为科技活动本身不能承受科技评估(包括伦理评估)的责任追究,不具有严格的对象性。《规定》的第二章系统规定了评估内容,评估程序则体现在《规定》第三章中。本书在绪论中指出评估标准是科技评估(包括科技伦理评估)

的核心，但遗憾的是，《规定》没有明确规定评估标准。

将《规定》中对科技评估的定义与《规定》中明确的科技评估的目的（即"优化科技管理决策，加强科技监督问责，提高科技活动实施效果和财政支出绩效"）结合起来分析，可以得出我国当前采用的基本是一种效果导向式的科技评估，这一导向直接指向科技活动的效果和效益，对科技活动的伦理问题的关注不够直接和具体。科技伦理评估则主要关注科技活动的伦理问题，即科技活动在伦理方面对人和社会的影响。

科技伦理评估与一般科技评估之间的区别在主体、客体、标准和程序等方面都有所体现。如科技伦理评估的评估主体不应只是政府管理部门及其委托的机构或组织，由于伦理的公众基础性，必须充分考虑公众的伦理诉求，公众也应是主体之一；由于科技活动主要是在科研组织中完成的，科研组织的伦理自觉性和伦理教育非常重要，所以其也应成为科技伦理评估的一方主体。科技活动应当是评估客体，而不是评估对象，并且应当对科技活动中的科学活动、技术活动和工程活动作一定的区分，不同的客体所适用的评估标准和方法也不同，并且科技伦理评估主要关注科技活动的道德价值之维。在内容上，"评价"和"咨询"都是为"治理"服务的，但伦理评估的治理并不仅仅是制度意义上的治理，其应当包含道德教育和约束的内容，是一种伦理治理，这也是科技伦理评估的目的所在，科技活动应符合伦理治理的要求。至于评估的程序，应当围绕评估标准进行，其自然应当是合理和有序的，同时也应是公正和规范的，正当性应是其基本要求。评估标准是一项评估活动的核心，其决定了评估的目的和评估如何开展，《规定》中并没有具体规定评估标准，仅规定了评估实施者要制定"指标体系"，从《规定》第二章中规定的评估内容来看，"指标体系"也应当是效果和效益导向的，几乎不会涉及科技伦理原则[①]，而科技伦理原则必然是科技伦理评估标准的根本内容。"指标体系"也不等同于评估标准，"指标体系"更像是评估的操作方法和规程，而评估标准是整个评估的依据，也是"指标体系"制定和实施的依据。评估对象虽然不是科技评估的主要元素，但由于其是评估权力的处置对象，道德教育和约束也以

---

① 以我国科学技术部动态修订的《国家高新技术产业开发区评价指标体系》为例，4个一级指标和40余个二级指标基本没有提及科技伦理问题，主要规定的指标有R&D投入、人才增长、营收情况、研发机构数量、服务收入、海外人才比例、专利数等，仍然具有明显的效果导向。

其为基点,故而在分析科技伦理评估时其也是不容忽视的。

2.1.2 评估的本质要求

依法治国是现代国家的本质要求和重要保障,在法治的大环境下,各项行为,特别是涉及公权力的法治行为必须依法进行,科技伦理评估也不例外,其本质要求就应当是依法评估(同时也是科技评估的本质要求)。本节将在科技法治化的视野下,论述作为科技伦理评估本质要求的"依法评估"的关键点和运行机制,由此进一步深化对科技伦理评估的认识。

2.1.2.1 保护权利是依法评估的关键

作为一种作出行为,科技评估势必会对科技活动中的科研人员、科研组织造成直接和间接的影响,并且由于评估权是一种确定存在的公权力,这种影响会直接聚焦科研组织和人员的法律权利,伦理评估也是如此。依法评估其实是对公权行使者的要求,也即要规范公权行使者的权力行使行为,而保护相对方的权利是制约权力、使权力规范行使的最好方法。因此,依法评估的关键就是保护权利。

我国教育部《高等学校预防与处理学术不端行为办法》和中国科学院《中国科学院对科研不端行为的调查处理暂行办法》的发布及2015年以来国家自然科学基金委员会查处科研不端案件逐渐走向常态化,标志着我国对科技伦理问题的治理全面进入法治化阶段,而权利保护则是法治的应有之义。由于科技伦理评估不同于对一般违法行为的定性,任何一次认定或是误判都可能使当事人丧失整个科研生命,同时可能会使科学界背负不诚信的污名,进而对科技的发展造成难以逆转的损害,所以,科技伦理评估中的权利保护格外重要。

从科技史出发也能为在科技活动中重视权利保护找到理由。哥白尼《天体运行论》的发表被认为是近现代科学的滥觞,各种有关科技史的学术讨论都无法避开这一划时代的历史事件。而从法治角度来看,天体运行论的曲折成功与权利保护的发展密切相关。

在哥白尼生活的那个时代,宗教是高于一切的,作为一名医生和教士,哥白尼受限于社会的洪流,不能自由宣传"日心说"的真理,还因为这一发现而受到威胁,"日心说"的追随者在相当长的时间内也不停经历与哥白尼类似的遭遇,有的甚至被宗教裁判所判为异端。最终,"日心说"还是战胜了当时居于主流地位的"地心说",这固然符合真理必胜的自然规律,但一个不容忽视的原因是"表达自由"和"科学研究自由"成为一种法定的权利。科学家的思想虽然是自由的,但其必然性认识难以战胜没有赋予其法定权利的外部世界,当一个社会的外部权利保护不健全时,科学自由是绝难转化为现实的。

科技法治化本身是一种必然,在我国,依法治国的大幕早已拉开,法治的阳光遍及每一寸土地,科技活动也沐浴其中。当法治化成为必然,权利也就内在地渗入科技中,科技伦理评估中的法律权利保护也愈发重要,其虽不能代替伦理约束,却是伦理评估实现的必经之路,成为伦理评估顺利开展的重要辅助。

对于科研人员来说,评估对于科技活动的约束是一种"必要的恶"（Necessary Evil）,科技人员应当接受,但为防止这种约束权的滥用,科技评估中绝不能忽视科研人员的研究自主权和其他权利,故科技评估不仅是制约（Checks）,还是平衡（Balances）,其在制约科研人员行为时,要在评估权和科研人员权利之间设立平衡轴,这同样是在科技伦理评估中重视法律权利的理由之一。为了对科研人员的权利保护进行比较透彻的分析,有必要了解"必要的恶"的内涵。

科研人员的权利很多,仅从科研本身出发,至少有科学研究自由、言论和出版自由及对成果享有知识产权等,但科研人员首先是人,其同样享有其他人享有的一般权利。限制权利对于个体而言显然是"恶"的,但这种"恶"在一定情形下是必要的,如为了不引起恐慌,限制个人在正在放映影片的满是观众的电影院里大喊"着火了"这样的话的"言论自由"。具体到科技伦理评估中,由于科技对社会的影响日渐深入,且科学研究存在很多不确定性,作为个人的科研人员必须接受一定的权利限制来确保科技不会对社会和他人造成损害,或至少使这种损害降低到最小,首先限制的肯定是科研人员的科研自由,但如果仅仅限制科研自由,不能使科研人员认识到某些科技活动损害社会和他人利益的恶果,也不符合矫正正义的要求,所以,对于可能侵害或者已侵害外部权利的科技活动,应当使科研人员作为普通人的权利也处于被限制的可能中。因而,尽管科研自由最为关键,但"必要的恶"所对应的不仅仅是科研自由,而是科研人员的全部权利。与之相应,对科研人员的权利保护就是以科研自由为核心的全面保护。

2.1.2.2 依法评估的运行机制

一切有权力的人都容易滥用权力,这是一条万古不易的经验[86]。评估权作为一种权力,如果不接受必要的反制,就会超越限度。依法评估的主要内容就是在评估中依法行使评估权。经验告诉人们,制约权力的最好选择是保护权利。因而保护科技伦理评估中受到影响（主要是直接影响）的权利就是依法评估的运行机制。下面将以保护科研人员隐私权为例来描述依法评估的运行机制。

科研不端是科技伦理的一个主要话题，对科研不端的受理、认定、调查和处理属于科技伦理评估范畴[①]。尽管科研不端一般发生在科学研究阶段，通常属于科学（科研）伦理范畴，但是在当前科技成果转化速度加快、科技与社会关系日渐紧密的形势下，科研不端往往会超越研究场域而对技术应用和开发、公众消费和使用等领域产生直接影响，所以，选择科研不端来考察科技伦理评估中的依法评估的运行机制具有举一反三的意义。为了更好地体现评估中的"制约"与"平衡"，本书以科研人员为例进行探讨，又考虑到上述"必要的恶"的内涵，故选择科研人员作为普通人所必然享有的一项权利——隐私权作为研究对象，在信息科技爆发的当下，这一权利受到了社会各界的诸多关注。

保护隐私源于人类的羞耻本能[87]，但作为一项个人权利被发掘出来，不过一百多年的历史[88]。本书从"保护主体到保护内容再到保护的对策"这一路径来研究科研不端中的隐私权保护，具体而言，首先确定科研不端中隐私权保护的主体，再探明其隐私的性质和内容，然后再为其隐私公开设置界限，最后寻求一种恰当的与实际相符的保护办法，这种办法同时是对评估权的限制，从而实现"平衡"。

国外有研究[89]指出，在更私密的环境下讨论科研不端行为对科学界在公共医疗卫生系统中的前景是有利的。美国联邦法院通过一系列判例将隐私分为自决性隐私和信息性隐私两大领域[②]，我国学者一般认为，隐私包括私生活安宁和私生活秘密两个方面[90]。科研不端领域内的隐私权主要为科研不端嫌疑人所有，隐私权保护研究应以科研不端嫌疑人为出发点[③]。以美国为例，其科研诚信办公室（Office of Research Integrity）的职责之一就是回应《信息自由法》（*Freedom of Information*

[①] 我国科技评估的制度和实践中涉及科研不端的很少，科技评估相关研究也鲜有提及科研不端。本书认为科研不端治理属于典型的科技伦理评估，因为科研不端是典型的违背科研伦理的行为，科技伦理评估就是对科技活动是否存在伦理问题进行评估，并且本书的评估包含了伦理治理，所以对科研不端进行治理属于科技伦理评估范畴。
[②] 包括 Griswold v. Connecticut, U.S.Supreme Court, 381 U.S.479（1965）和 Roe v. Wade, 410 U.S.113（1973）等判例。
[③] 有学者将对举报人的保护纳入隐私权保护范畴，其实不然。对于举报人的保护虽然也涉及保护其隐私，但目的在于保护其人身安全，而非隐私权，和刑事或行政案件中对举报人的一般保护相同，以其不受打击报复为主要内容。

Act）和《隐私权法》（Privacy Act）的要求[91]，因此，美国的科研不端查处制度一直注重保护嫌疑人的隐私权，2000年发布的《关于科研不端的美国联邦政策》（U.S.Federal Policy on Research Misconduct）中，将"保护被指控人"作为"公正及时程序"的四项主要内容之一，并提出要给予被指控人权利受到保护的信心[92]。

在网络信息时代，不能将科研不端嫌疑人的个人信息完全作为信息性隐私看待：首先，隐私权和个人信息权已被认为不是同一种权利[93]；其次，许多科研不端嫌疑人的部分个人信息在科研不端事件曝光前就可以在网络上公开获取；再次，科研不端嫌疑人的个人信息在其公开发表的论文①的作者介绍中必然有所体现。所以，问题的关键是，科研不端嫌疑人的个人信息中有哪些应作为隐私受到保护。一般认为，个人信息和个人隐私存在交叉，这是对个人信息进行隐私保护的法理基础，由于上述三个原因，个人信息中已公开或容易获得（这里的"容易获得"是指：普通公众不需要通过专业技术手段即可轻易获得）的不应被视为隐私，同时，个人信息中与学术无关的隐私信息应当得到保护，如个人健康信息、婚姻信息和家庭信息等。自决性隐私中，科研不端嫌疑人与该科研不端事件无直接关联的自决事件仍应得到保护，即其不但可以自主决定结婚、怀孕、堕胎等私人生活事件，还可以进行与科研不端事件不直接相关的其他不愿公开的研究或教学。查处科研不端案件的关注点无非有三：是否发生科研不端行为？属于何种科研不端？如何处理？所有这些均与且仅与科研不端行为本身有关，不以也不应以科研不端嫌疑人个人为转移。但在案件调查中，会牵扯科研不端嫌疑人的部分信息性隐私，如在调查科研经费使用情况时，会涉及科研不端嫌疑人的个人财务信息，即虽不必利用科研不端嫌疑人的信息性隐私进行调查，但调查本身却会触及这类隐私。此外，为了防止科研不端嫌疑人影响办案进程，可能要对其自决性隐私予以一定限制。如为了案件需要，可能会限制科研不端嫌疑人在特定时间内出国、出境办理公事和私事，对认为可能与案件有关的其他研究行为和教学行为进行调查，等等。

当然，除了上述分析之外，隐私权的保护还会在其他情形下受到阻碍。比较常见的几种阻碍包括公共利益、知情权和科研不端嫌疑人对隐私权的自我放弃。由于科研不端行为往往会引发社会关注，且当前科技发展日益受到国家和公众重

---

① 阅读公开发表的论文是发现科研不端行为的主要途径。

视,经常会有一些科学家成为"科学明星",在这种情形下,科研不端嫌疑人极可能变成公众人物(Public Figure),而公众人物的隐私权天然受到限制,探讨科研不端嫌疑人的隐私权保护必须考虑这一点。

因此,科研不端嫌疑人的部分个人信息不属于隐私范畴,科研不端嫌疑人与科研不端行为无关的隐私一般应得到保护,但在调查中,出于查明事实的目的,可能会牵涉科研不端嫌疑人某些信息性隐私并限制其部分自决性隐私。科研不端调查中,隐私权保护的阻却事由包括公共利益、知情权和嫌疑人自我放弃权利等,公共利益是知情权等权利对抗隐私权的基础,本书提出必要性原则[①]作为限制嫌疑人隐私权的重要标准;公众人物隐私权限制在科研不端中的适用需要考虑科研不端嫌疑人是完全性公众人物还是有限性公众人物[②],根据科研不端嫌疑人是何种公众人物决定限制其隐私权的强度,且这种强度和公开的范围超过普通科研不端嫌疑人。

在依法评估的要求下,科技伦理评估必须保护权利,这种保护是对"制约"与"平衡"的回应。这里所举的科研人员隐私权保护只是其中的一个实例,但其保护机制与其他权利类似,即探明保护的例外情形,仅在例外情形下可以限制权利,且即使在例外情形下,也要遵循严格的程序和原则。这种机制能够实现对科研人员权利最大限度的保护。

在对科技活动进行伦理评估时,即使发现科技活动中可能存在科研不端行为,也不能忽略对科研不端嫌疑人的权利保护,如果权利得不到保护,评估权就会变得无节制,而无节制的权力不仅将会破坏权利和权力之间的平衡,在一定程度上还会成为阻碍科技进步、侵害公众权利的罪魁祸首。

所以,依法进行科技伦理评估的机制就是合法合理地行使评估权,排除例外情形,从而尽量完整地保护评估客体(特别是评估对象)的权利和公众权利,使

---

① 必要性原则是比例原则的主要内容之一,在这里指"尽可能在较小范围内公开科研不端嫌疑人的隐私,并尽可能采取对其损害较小的方式公开"。关于这一原则的更多解释,可参见:AIEXY R. Constitutional rights and Proportionality[J]. Revus – Journal for Constitutional Theory and Philosophy of Law, 2014(22):51-65.
② 所谓完全性公众人物,是指著名的、引起公众注意的、具有说服力和影响大众的地位和能力,并且经常出现于大众媒体的人士;有限性公众人物是指解决有争议或者不同意见的问题时,自愿跻身重要的公共辩论并希望影响舆论的人。在科研不端事件中,前者一般指"科学明星",后者是由于卷入科研不端事件而转变为公众人物的科研人员,二者在隐私权保护上有所不同。关于公众人物的分类可参见宋克明.美英新闻法制与管理[M].北京:中国民主法制出版社,1998:31.

权利和权力达致平衡，使科技伦理评估符合社会和个体的权利诉求，符合法治精神，符合依法评估的本质要求。

基于上述概念分析、比较和本质要求的探讨，对科技伦理评估有了一个基本认识：科技伦理评估的主要概念源是科技伦理和伦理评估，其属于科技评估的价值维度，主要元素与科技评估相似，包括评估主体、评估客体、评估内容、评估程序和评估标准等，评估标准是科技伦理评估的核心，实现伦理治理是科技伦理评估的目标，科技伦理评估不满足于单纯的评价，其还关注评价后的治理等问题，所以是一种体系化的伦理评估。在不同的科技活动中，科技伦理评估的侧重点不同（如在科研活动中，科技伦理评估关注专业伦理甚于职业道德，即主要评估一项科研活动是否符合作为专业伦理的科研伦理）。科技伦理评估的本质要求是依法评估，关键是保护权利，依法评估的运行机制是通过对权利的保护来规范评估权的行使。

2.2 理论基础

构建一个伦理评估框架，首先必须阐明其理论基础。伦理评估属于伦理学研究范畴，应当从伦理学出发去发现伦理评估的理论基础[①]。所以，本节将首先介绍伦理学中的道德理论，然后结合本书研究目的进行批判性的思考，探查科技伦理评估在伦理学范畴的理论基础。

2.2.1 道德理论的介绍

伦理学中有两种基本的道德理论，即结果论（以行为结果为基础或关心结果的）和非结果论（不以行为结果为基础或不关心结果的）[2]，传统上又分别被称为目的论和义务论。结果论包括利己主义和功利主义等，非结果论包括行为非结果论和规则非结果论，后者包括康德义务论和显见义务论等。

2.2.1.1 结果论

无论是利己主义还是功利主义，都认为人们应该以将要带来益处的方式行动，

---

① 科技伦理评估虽然具有交叉属性，但其伦理属性更为根本，且伦理属性的理论性也更强，所以发现科技伦理评估的理论基础可以从伦理学出发。

二者的区别在于对谁应该获得这种益处的看法不同。

伦理学中探讨的利己主义一般表现为三种类型：唯我型、个人型和普遍型。前两种类型只适用于个人，而无法普遍适用于所有人，这是前两种类型的严重缺陷，因为道德一般被看作是适用于社会全体成员的。这两种类型的另一缺陷在于，秉持这种理念的个人如果将其想法公之于众，可能会因激怒他人而遭到阻挠，所以其需要隐瞒真实想法，而隐瞒或说谎的行为是不符合道德要求的。普遍型利己主义主张所有人都应为自己的利益最大化而行动，只有当他人利益符合自身利益时，才有必要关心他人利益。普遍型利己主义似乎解决了"普遍性"问题，但又陷入了"不一贯性"的泥潭，如果每个人都为自己的利益而行动，那么当不同人的自身利益发生冲突时该怎么办？如果每个人都坚持继续为自身利益行动，可能所有人都无法实现自身利益，而选择放弃则又不符合利己主义的本质。普遍型利己主义的另一个问题是无法进行道德劝诫，当发生利益冲突时，无论劝诫谁让步都与普遍型利己主义本身不符。

功利主义道德理论的主要创始人是杰里米·边沁（Jeremy Bentham）和詹姆斯·穆勒（James Mill），功利主义者认为，如果一个行为有助于"带来合乎需要的或有益的结果"，那它就是道德的行为[94]。功利主义一般分为两种类型：行为功利主义和规则功利主义。前者认为所有人都应该使自己的行为为其所影响的每一个人都带来最多的多于坏处的好处。对行为功利主义的批评主要集中在"行为者在行动时难以确定给别人带来的结果""难以对人们进行如何行动的道德教育"等。规则功利主义克服了行为功利主义的许多难题，规则功利主义认为，每个人都始终应当确立和遵循会给一切相关者带来最大好处的规则。规则功利主义从经验出发，经过谨慎的推理后，试图确立一系列能为人类带来最大好处的规则。但所有功利主义都无法避开"目的证明手段正当性"的问题，即是否可以专注于目的的实现而不顾手段或动机。如争取"最大多数人的最大好处"这一目的有时可能同时会给少数人带来不利，因而，功利主义经常遭受"是否公正"的拷问。

2.2.1.2 非结果论

非结果论的倡导者主张，判断人或行为是否道德，不考虑也不应当考虑结果，如判断人只看其是否善良，判断行为则只看其是否公正，而不论行为结果如何。非结果论也可分为行为非结果论和规则非结果论两种，行为非结果论与直觉主义关联甚大，规则非结果论包括神诫论、康德的义务论和罗斯（William David Ross）的显见义务论等。

法戈赛（Austin Fagothey）在《权利与理性》（*Right and Reason*）一书中梳理了其赞成直觉主义的若干理由[95]：任何本意善良的人似乎都具有直觉的是非感；在伦理学创立之前，人们就有了道德的观念和信念；关于道德问题的推理通常用来证实我们直接的知觉或"直觉"；关于道德问题的推理也可能会出错，因而需要依赖顿悟和直觉。对直觉主义的批判包括：直觉是"胡乱猜测"和"非理性的"，因而是受科学和哲学所排斥的；给直觉下定义或者证明直觉是存在的都是困难的；对直觉不能进行客观的评价，因为它只适用于直觉的主体。

康德是义务论伦理学的主要代表，他的义务论伦理学包含若干道德原则，如"善良意志""绝对命令"和"实践命令"等。在康德看来，一个人要有道德，就必须出于义务感（责任感）而服从这些规则；所有人都必须被视为独特的个体，而不应被用来为实现他人的目的服务。对康德义务论伦理学的批判集中在其绝对性上，康德认为，普遍规则不应允许任何例外，这种绝对无例外的观点导致义务之间的冲突无法解决，而事实上，康德确实没有说明如何在服从不同的绝对规则时解决义务之间相互冲突的问题。

罗斯批判地继承了康德的义务论，他认为，道德基本上不应该以结果为基础，人们必须坚持某些显见义务（prima facie duty，又译为自明义务、初始义务等），除非有严重状况或理由要求人们采取别的行动。显见义务包括[2]忠诚、补偿、感恩、公正、慈善、自我改善、勿作恶等。对显见义务论的一个批判就是如何确定这些显见义务。没有任何证据证明这些被择选的义务是显见的，这种选择更像是一种直觉①。罗斯对这一问题没有作出令人信服的解释，他只是从直觉主义出发表示这是"不言而喻"的，并要求读者"再考虑考虑，希望他们最终会同意"[96]这些义务的确是"显见"的。对显见义务论的另一个批判与对康德义务论"一贯性"的批判类似，即当显见义务之间发生冲突时，如何判断哪种义务会更"显见"。

2.2.2　理论基础的选定

本节将基于上述道德理论，结合本书的研究目的进行思考和分析，选择一种

---

① 许多学者认为罗斯是直觉主义者，并因此对罗斯进行批判。参见龚群.罗斯的自明义务论[J].齐鲁学刊，2009（6）：90.陈真.罗斯的初始义务论及其方法论意义[J].2007（4）：51.但罗斯显然不止于直觉，他在将显见义务与实际义务作区分时，实际是理性主义的，特别是在判断何种义务能够成为实际义务时更是如此。

适合本研究的道德理论作为科技伦理评估的理论基础，并说明理由。

伦理学是以人的理智研究人的行为的绝对规范和实践的科学[97]，其中的一个关键就是人的行为，所以，伦理学又被认为是关于主体际关系的行为规范的学说[81]，那么，在科技活动中，这种伦理上的主体际关系就必然会发生在科研人员之间及科研人员与其他人之间。本书的研究目的是对人为的科技活动进行伦理评估，不可避免地要关注科技活动中的主体际关系，其道德理论基础也可部分地从主体际关系出发进行分析。

结果论难以作为科技伦理评估的道德理论基础。理由如下：从利己主义来看，即使是普遍的利己主义，也无法作为伦理评估的理论基础，在大科学的语境下，科研人员无论如何也不能从自身利益出发进行科技活动，且其一味追逐自身利益必然会与他人利益产生各种各样的冲突，从而导致主体际关系恶化。科技伦理评估以科研人员为主要评估对象，伦理评估在利己主义的基础上几乎寸步难行，如果一项科技活动以科研人员自身利益为中心，那么，对其进行伦理评估只要判断其是否符合科研人员自身利益即可，显然，这种判断是没有意义的，也不符合对科技活动进行伦理评估的目的。

功利主义不能解决的一个重要问题就是行为者难以确定自身行为结果，结合科学研究的不确定性，科研人员确定自身科研行为的结果较普通人确定自身行为的结果更为困难，行为功利主义在这里将面临更大的难题。

规则功利主义是可以作为伦理评估的理论基础的。著名的伦理学家彼得·辛格（Peter Singer）在《实践伦理学》（*Practical Ethics*）中就利用偏好功利主义理论解决了诸如安乐死、堕胎等生命伦理学问题[98]。但是，功利主义所不能解决的"目的证明手段的正当性"问题在科技活动领域会变得更加明显，所谓对绝大多数人有利的科技将会更加凸显科技的"双刃剑"效应，从而带来严重的公正问题。

行为非结果论不能作为科技伦理评估的道德理论基础。行为非结果论的决定基本以直觉主义为基础，而对直觉主义的批判直接表明了行为非结果论不能作为科技伦理评估的理论基础："对直觉不能进行客观的评价，因为它只适用于直觉的主体"。

康德的义务论伦理学也不能作为本书科技伦理评估的理论基础。康德将行为的动机作为评价行为是否道德的根本依据，只有出于义务感的行为才是道德的，如果仅仅是符合义务的行为，不具有很高的道德价值，甚至没有道德价值。首先，就科技评估而言，结果导向虽然是不完美的，但纯粹将动机作为判断标准显然是更不合适的，且不说动机难以甄别查明，仅科学的不确定性就使动机与结果之间不可能一一对应。其次，就对科技活动进行伦理评估而言，虽然在伦理评估中探讨动机、义务感是可行的，但动机和义务感更多地应交由道德教育去实现，对科技活动本身，应当主要看其实际的过程和结果，而不是科研人员的动机，并且，在我国科技体制下，科技活动往往采用项目式管理，动机在项目申报时就已经被引导，或者说，审批项目的决定就是对动机的认可。最后，康德的绝对性观点也不适合科技伦理评估，科技发展至今，一些起初看似不符合伦理的问题得到了认可，甚至有时需要冒着伦理风险进行研究，所以，在对科技活动进行伦理评估时，不能用非此即彼的态度，要更多地进行权衡和比较。

本书认为，"显见义务论"或可作为本研究中科技伦理评估的道德理论基础。显见义务论介于康德义务论与规则功利主义之间，其不相信结果决定行为的善恶，但认为当面临道德选择时，有必要考虑结果。显见义务论相对于康德义务论的一大进步是其提供了两条原则作为解决义务之间冲突的指导[96]：始终按照更强烈的显见义务去行动；始终采取可压倒显见恶的最大显见善的行为。显见义务论可以作为科技伦理评估理论基础的理由在于：在对科技活动进行伦理评估时，不能只看结果，还要关注科技活动的过程，在这一过程中，科研人员必然应该遵循一些"显见"的义务。但对于科技活动的结果，也不能一概不论，当面临多种可能的道德后果时，也需要"两害相权取其轻"。这种介于康德的绝对主义和规则功利主义之间的道德理论在应用于科技伦理评估时，比其他道德理论更加灵活。本书选择"显见义务论"作为科技伦理评估理论基础的另一理由是：有学者曾指出，科技伦理的论证包括"自上而下"、中层原则、"自下而上"和建构论四种模式[99]，科技伦理评估就是应用伦理原则对科技活动进行评估，是一种"中层原则"的论证模式。中层原则的论证模式与显见义务论非常一致，这种模式一般需要选择一套"显见"的伦理原则对案例进行分析，而"显见"伦理原则的选择可分为两步：第一步，从义务论出发，发现可运用于某类科技活动的显见伦理原则；第二步，根据特定情境，结合义务论和非义务论对选择的伦理原则进行排序[100]。显见义务论所确定的"显见"义务其实属于伦理原则范畴，因而应用显见义务论的过程与中层原则论证模式相同。

但在科技伦理评估时，应该努力克服上文中所介绍的显见义务论的缺点。本书将根据对科技伦理原则的理解和科技伦理评估的特点，选定科技伦理评估中的"显见义务"，而不是依靠"直觉"来确定哪些原则是显见的。罗斯提出的两条解决显见义务之间冲突的原则并不能化解"一贯性"问题，因其在实际上是难以应用的，如哪一种义务在什么时候才是更强烈的显见义务？如何量化显见恶和显见善？基于此，本书将尝试探寻新的路径。从法哲学的研究中或可得到一些启示：博登海默指出"甚至在一个特定的社会和经济框架中，由于社会状况波动不定，也需要对实现基本权利的优先顺序加以调整"[101]。尽管这里的论述对象是基本权利，但一是基本权利本身属于人权范畴，许多伦理原则均以人权为主要内容，二是权利之间的冲突与义务之间的冲突具有某种相似性，因而从这一论点出发，本书认为"显见义务"冲突问题可以从权利冲突的解决中得到启发①。囿于作者的理论水平，本书无法纯粹从理论上提出避免"显见义务论"缺点的办法，所以将在下一章中考察科技伦理评估的实践，从中发现为不同国家所重视的科技伦理评估的"显见义务"，并探明各类"显见义务"的重要程度。

2.3 标准选定

本书在绪论部分已经论述了评估标准的重要性，评估标准是科技伦理评估的核心，事实上也是整个科技评估的核心，科技伦理评估框架要围绕评估标准构建，也要围绕评估标准行动。我国在实践中不够重视评估标准，这使本书对评估标准的论述显得更加迫切和必要。本节将对科技伦理评估标准的来源、选定方法和实质内容进行详细论述。

2.3.1 评估标准来源

"伦理学作为一个研究领域，是一种规范性规则，主要研究目标具有指示性和评价性"[102]，评价性是伦理学的固有内涵，在对科技活动进行伦理评估时，必然

---

① 虽然"显见义务"的义务不同于一般义务，但其与一般义务都是一种行为规范，因而"显见义务"与权利在冲突解决中也具有某种共性。

要对科技活动进行评价，而依据什么标准进行评价是核心。伦理原则[①]是进行伦理评估的根本标准。

关于伦理原则，众说纷纭，首先要进行聚焦，由于本书研究科技活动的伦理评估，所以聚焦科技伦理原则。比较流行的关于科技伦理原则的学说有四原则说、十二原则说等，在这里作简要介绍。历史较长和通用度最高的四原则说其实是源于生命伦理领域的，最早由Beauchamp和Childress在《生命医学伦理原则》(Principles of Biomedical Ethics)[②]一书中提出，即尊重自主（the principle of respect for autonomy）、不伤害（the principle of nonmaleficence）、行善（beneficence）、公正（justice）四原则，这四个原则后来被广泛应用于科技伦理领域。尊重自主是指尊重一个有自主能力的个体所作的自主选择，承认该个体拥有作出选择并采取行动的权利。不伤害原则与西方传统的医学伦理格言"最首要的是不伤害"相呼应，在科技活动中谨慎地避免让他人承担任何不当的、受伤害的风险，即是在履行不伤害原则。行善原则要求进一步关心并致力于提升他人的福祉，此原则是道德本身的目标，是人性中驱动人们造福他人的力量。公正原则指陈了在面临相抗衡的主张或诉求时，必须以公平的基础来执行裁量的道德义务。

十二原则是瑞斯尼克（David B.Resnik）在《科技伦理导论》(The Ethics of Science: An Introduction)一书中列举的，应该说是对科技伦理原则比较全面的阐述，主要包括诚实、审慎、公开性、自由、信誉、教育、社会责任、合法、机会、相互尊重、效率和尊重主体。诚实是指科学家不应捏造、造假，或是曲解资料和研究结果，而应当在研究过程中的各个层面，都能客观、不带偏见和诚实。审慎是指科学家在研究中，尤其是在发表研究结果时，应当避免错误，尽量减少实验上、方法上及人为的疏忽和失误，避免自欺、偏见和利益上的冲突。公开性是指科学家应当分享资料，研究结果、方法、想法、技术及工具，应当让其他科学家

[①] 伦理原则（Ethics Principles）又称伦理基本原则，在不同的道德体系中有不同的内容，如利己主义的伦理原则是自身利益，功利主义的伦理原则是一切相关者的利益，康德义务论伦理学中有绝对命令、可逆性标准、义务而非意向等原则。科技伦理属于应用伦理学，其伦理原则往往不是单一的，但实际上是某种或数种道德体系中伦理原则的变体，在进行伦理评估时，伦理原则是根本标准，其是判定一项行为或结果是否符合伦理的依据，也是建立评估指标体系的基础。

[②] 该书最早在1979年出版，后经数次再版，较新的版本可参见：Beauchamp T L, Childress J F. Principles of biomedical ethics[M]. New York:Oxford University Press（USA），2001.

检视他们的工作,并对批评持开放态度。自由是指科学家在进行研究时,应当自由面对任何困难或假说,要能做到追求新的想法、批评旧的想法。信誉是指科学家应当根据其在研究中的功劳获得奖赏,有功则赏,无功不赏。教育是指科学家应当培育未来的科学家,确保他们能学习到如何从事好的科学,科学家还应当教育公众,使公众知悉科学。社会责任是指科学家应当避免对社会的伤害,必须对其研究结果负责,应对外告知其研究成果,并试图为公众创造福祉。合法是指在研究过程中,科学家应当遵守关于他们的研究工作的法律。机会是指科学家使用科学资源或在科学专业中有提升的机会时,不应在不公平的情况下被否决。相互尊重主要是指科学家要尊重同事、同行。效率是指科学家应当有效使用资源。尊重主体是指在用人类主体做实验时,科学家不应侵犯人权或人的尊严;在实验中使用动物主体时,科学家也应对动物怀有适当的尊重。

所有这些伦理原则都是有其道德理论基础的,如不伤害原则的理论基础是人类伦理倾向中最根本的观念——趋利避害;义务论则可以作为诚实原则的理论基础,康德在《道德形而上学原理》中就曾将"决不食言"作为其道德禁令之一[103];公正原则可以在罗尔斯的《正义论》中找到理论基础,罗尔斯基于"无知之幕"提出的两大正义原则足够支撑本书所介绍的科技伦理中的公正原则。

2.3.2 确定评估标准

伦理原则是对行为和结果进行伦理评估的根本标准,这意味着在科技伦理评估中,将以某些科技伦理原则作为衡量特定科技活动的过程和结果是否符合伦理要求的依据。由于科研人员是创造科技活动的主体,而科研人员符合"显见义务"的规范对象,所以,可将作为科技伦理评估标准的伦理原则视为"显见义务"。这些"显见义务"是本书的重要内容。

2.3.2.1 确定评估标准的思路

本书基本赞同科技伦理的性质是专业伦理,其仅在某些情况下是职业伦理,从专业伦理出发,可以进一步理解上文中介绍的科技伦理原则。专业伦理是针对专业人的,科学家显然是专业人,循此思路,可以从专业伦理角度对上述科技伦理原则进行简单梳理。无论是Beauchamp等提出的生命伦理四原则,还是Resnik提出的科技伦理十二原则,其实都以普遍的伦理基本原则为蓝本,然后在科技伦理的范畴中进行专业伦理式的改造。这种改造的可行性在于"只要人的行为出现在专业领域中,就必然涉及伦理的意涵。……就每一个专业领域而言,其中的许多规范都与伦理有密切关系,而且在每一种专业领域内都能找到最基础的伦理规范。科技专业也不例外"[33],因而,在科技伦理评估中,其实不必发明专属于科技的伦理原则,关键在于对普遍、基础的伦理基本原则进行切合科技专业活动特点的改造,这种改造应当遵循交叉研究的思路。

科技伦理评估属于交叉研究范畴,其既是伦理的,又是制度的,所以不能仅考虑其伦理属性,还要关注其制度之维,分析科技伦理评估标准的组成内容也可以从这种交叉属性出发。科技伦理评估交叉的是科技伦理和科技政策(法),前者的中心是伦理,后者的中心则主要是制度,在现代社会,制度通常以法律的形式呈现,科技评估制度更是如此,因此,伦理和法律是科技伦理评估中的两大主题。

本书基于ELSI的研究范式,尝试提出从法律和伦理结合的角度去发现确定评估标准的思路。正如法律总会挑选一些道德作为其规范内容甚至"我们的大量道德已经包含在我们的法律法规里了"[2]一般,法律与道德本身是紧密相关的,从法律视角出发确定伦理原则并不会受到很大的学科差异阻碍。由于立法的基本宗旨是体现人民的意志,所以,法律如果承认科技活动中的某些伦理原则的话,会在赋予其强制性的同时使其变得更加正当。但事实是,法律很少会直接规定伦理原则,即使规定了,也经常使其改变原有的性质,即拥有法律强制力的伦理原则可能已不具备伦理性质。本书认为,从权利视角出发更为可行。道德权利当然不同于法律权利,但二者之间存在着大量的重叠,我们能说被法律承认的道德权利是不道德的吗?很显然不能。因此,从法律权利出发,可能会为科技伦理原则的确定提供一条新的思路,也即结合法律权利和科技伦理原则来确定科技伦理评估的标准。

已知伦理评估的一般标准是伦理原则,科技伦理评估的标准就应是专业视角下的科技伦理原则,而科技伦理评估属于科技评估,作为法治行为,其必须注重保护法律权利,科技伦理评估又是科技伦理与科技政策(法)的交叉,所以,结合法律权利和科技伦理原则作为评估标准是可行的。

在特定的科技活动中,科技伦理原则会有对应的(相关的)需要保护的法律权利①,因而确定了法律权利就能选定"显见"的科技伦理原则。这一思路与上文

---

① 关于二者在科技活动中的对应和相关关系将在下文中论述。

中提出的解决"显见义务"之间冲突的思路（以权利冲突解决规则启发义务冲突解决规则）相近，二者结合起来，或可在科技伦理评估中避开"显见义务论"的两大缺点。所有伦理原则都是以道德理论为基础的，第一种思路与道德理论有关，第二种思路与伦理原则有关，因而这两种思路①在一定意义上是一致的。

法律权利与伦理原则的融合内在地存在于"伦理与法律"的研究中，也即ELSI范式可以为上述思路提供一定支撑，ELSI研究中经常涉及伦理原则与法律权利之间的融合，这表明在科学技术和社会研究领域同时研究法律权利和伦理原则早有先例。从科技与社会的关系也可以推出本书关注法律权利的正当性——从理论上看，一套伦理原则是由不同的学者提出各自的理论原则，逐渐形成的一套公认的体系，其中可能涉及权利（主要是道德权利，但与法律权利存在重叠），也可能不涉及，但是在实践中，科技伦理原则与法律权利的关系却实在地存在于科技与社会的关系中，科技对社会的影响之所以能引起关注和重视，很大程度上是因为科技对个人和社会法律权利的直接或间接影响，而社会对科技的反制又会反作用于科研人员自身的法律权利。所以，下面将从ELSI的研究出发，对将法律权利和伦理原则的结合作为评估标准的理由进行理论论证，然后再从科技伦理与法律权利在社会现实中的相互关系出发进行实践论证。

2.3.2.2 评估标准的理论论证

ELSI的研究脱胎于实践，最初是美国基因组计划中的一个子项目，后来发展

---

① 这两种思路也为本书研究方法的选择提供了佐证。本书在绪论中指出了采取制度考察方法的一般理由，但在这两种思路下，选择制度考察这一研究方法的理由变得更加充分。由于权利的广泛性和其在具体问题域中的变化性，如果单纯从理论出发，可能难以觅得合适的用于确定评估标准进而构建评估框架的权利，因此，可以从科技活动的背景——现实社会着手，发现科技活动中的应有和实有权利，并根据二者在社会现实中的运作情况探索确定"显见"科技伦理原则的方法。考察各国关于科技伦理的制度实践，能够发现其中所推崇的科技伦理原则和保护的法律权利，从二者关系中可以得到选定"显见"科技伦理原则的启发。法学研究方法是进行权利研究的很好选择，所以本书选择了法律制度，包括法规政策和案例作为科技伦理评估中权利研究的素材。但科技伦理领域的经典案例，往往在伦理领域获得解决，几乎不会涉及法律权利，因此本书从对客体法律权利作出实际处置的判例出发，寻求更为合适的研究素材，选取的判例是提及科技伦理关键词的判例，这类判例会提及案件中的科技伦理事实，并会对某些科技伦理原则表示尊重，在这种尊重之下再发现判例中对法律权利的处置情况，有助于本书更好地探查科技伦理原则和法律权利之间的关系。此外，判例中法律权利的所有者很可能会是本书所研究的科技伦理评估框架的评估对象，而两造的另一方也可能就是评估框架中的评估主体，且司法机关在一定程度上也担当了评估救济主体的角色。

到生命科技的伦理和法律研究中,近年来逐渐延伸到各种科学技术与社会的研究领域中。目前看来,ELSI的研究仍然是比较松散的,伦理学家、法学家和社会学家及科学家自己都可以在这一领域作出各自的贡献,虽然尚没有一个专门的、成形的研究范式为ELSI研究框定研究框架和研究路线,但ELSI确实反映出现在的科技伦理问题已超越了单纯的伦理范畴,需要从法律、社会的角度进行全方位考虑,特别是法律更应在此领域有所作为。本书所借鉴的研究范式就是从这一"全方位"思路出发的。

本书借鉴ELSI的研究范式,不仅因为科技伦理评估的主要内容涉及科技的"伦理与法律"问题而与ELSI相合,也因为ELSI的研究的关注点与科技伦理评估的关注点高度一致。

尽管ELSI的研究最初出现于对基因科技的反思中,或者说其属于"基因科技与社会"的研究,但ELSI的研究其实可以推广到"科学技术与社会"的各类研究领域。纽约—东海岸遗传和新生儿筛查服务组织等在《认识遗传学:纽约和中大西洋地区患者和卫生专业人员指南》(*Understanding Genetics: A New York, Mid-Atlantic Guide for Patients and Health Professionals*)[104]一书第八章中总结到,ELSI的研究存在于11个领域,分别为测试结果沟通(communicating test results)、直接面向消费者的测试(direct-to-consumer tests)、信息披露义务(duty to disclose)、基因歧视(genetic discrimination)、知情同意(informed consent)、隐私(privacy)、社会心理影响(psychosocial impact)、基因复制问题(reproductive issues)、社会价值观(societal values)、测试实用性(test utility)和测试效度(test validity)。这一总结虽然主要是从生命科技的角度归纳出的,但事实上,上述研究问题几乎与科技伦理评估的研究问题完全重叠,如对"知情同意"的关注显然同时也是科技伦理评估的重要内容,在被试为人的科技活动中是否做到了知情同意是伦理评估的重要问题。各科技领域都需要关注"隐私保护"和"社会心理影响",在当前热度很高的"信息科技伦理"研究中,"隐私保护"和"社会心理影响"更是无法绕开的研究问题。"社会价值观"会直接影响科技伦理评估的判断标准,"信息披露义务"则事关科研人员的社会责任,而社会责任是科技伦理评估对象的基本要求。所以,在基因科技领域出现的ELSI研究问题,其实在其他科技领域中同样会出现,并且都与伦理相关,因而ELSI的研究问题其实与科技伦理评估所关注的问题一致。这种一致性说明ELSI的研究对于科技伦理评估具有极高的借鉴价值，因而从研究问题角度来说，本书应用ELSI的范式是必然的。

最初的ELSI项目是不甚成功的，HGP的ELSI研究缺乏独立的组织来决定研究问题，所以，发表出来的ELSI的研究，在范围上总是由相应的科学家划定，一般只是关注技术发展的内部和下游问题，而无法反映公众的利益[105]。这间接导致了后来的ELSI研究转向基因科技之外的科技领域，但这同时存在一个问题，即由于法律的稳定性和滞后性等特征，其往往难以及时跟进迅速发展的科技及其伴生的伦理问题。这一困扰使得许多立法在实际上阻滞了科技的发展，仓促立法的弊端就曾在干细胞研究的教训里表现出来，所以近二十年来，欧美一些国家对新兴的科技（如合成生物学）采取了更为审慎和保守的法律规制态度。美国生命伦理问题研究总统委员会United States, Presidential Commission for the Study of Bioethical Issues在研究生物安全和防护时，以ELSI的范式深入分析了合成生物学，并提出建议称：合成生物学的研究内容基本没有越出现有法律法规约束范围，应该进一步完善现有法律法规，而无须仓促地单独立法去规制合成生物学的研究。该委员会2012年发布的研究报告《新方向：合成生物学和新兴技术的伦理学》（*New Directions: The Ethics of Synthetic Biology and Emerging Technologies*）提出了评估包含合成生物学在内的新兴科技的5项基本伦理原则：①公众获益（public beneficence）；②负责任管理（responsible stewardship）；③学术自由和责任（intellectual freedom and responsibility）；④民主评议（democratic deliberation）；⑤公正与公平（justice and fairness）。这些原则是基本的，同时也是宽泛的，给予了新兴科技相对充足的研究和发展空间。这表明，针对科技伦理问题的法律规范是必须的，但监管态度应当保持审慎，重要的是在弄清科技活动的伦理特征及其可能的伦理风险之后，以清晰和宽松的伦理原则为指导，将伦理原则与法律规范相结合，从而起到促进科技活动理性发展的作用。

不过，人们需要清醒认识到伦理原则与法律规范的直接结合是困难的，法律规范的制定和实施一般不会考虑伦理原则，违反伦理原则的行为一般也不会受到法律规制，这似乎形成了一个壁垒，强硬地阻隔了伦理原则与法律规范的融合。那么，如何打破这个壁垒？

HUGO关于遗传研究正当行为的声明是一个对学界深有启发的例子。该组织关于遗传研究的建议基于下列四个原则："认识到人类基因组是人类共同遗产的一部分，坚持人权的国际规范，尊重参与者的价值传统、文化和完整性，以及承认和坚持人类的尊严和自由。"[106]"人权""人类的尊严和自由"无不昭示着科技活动中对人的权利的尊重，而权利是法律规范的核心内容，其也是诸多伦理原则所必须考虑的一项价值，因而权利或可作为打通伦理原则和法律规范壁垒的工具。

比伦理原则与法律规范之间的壁垒更难以打破的是法律判断与道德评价之间的壁垒，法律思维不能直接用于道德评价，因为在法律思维下，事实判断永远是优于价值判断的，而道德评价的核心就是价值判断。科技伦理评估是一个交叉研究领域，其同时具有伦理性和制度性，在进行评估时，也同时具有法律判断和道德评价的性质，所以，找到打破法律判断与道德评价之间壁垒的工具非常重要。由于判断和评价的依据是评估标准，因而将这个工具直接作为评估标准的内容更为直接有效。那么，权利也可以作为这个工具吗？如果可以，那是什么权利呢？

下面基于ELSI的主体内容"伦理与法律"的关系，在理论上对权利可作为打破法律判断与道德评价之间壁垒的工具，进而可以作为科技伦理评估的标准之一作进一步论证。同时，辨明本书中作为评估标准的权利的性质。

考察伦理与法律的关系时，学者一般会不自觉地联想到法与道德的关系，因为对此二者之间关系的探讨在哲学上和法学上都比较成熟，同时也更常见于对现实问题的分析中。

按照教科书的通俗说法，法与道德一般有表现形式、强制手段、调节方式、调整对象、体系结构等方面的区别，而二者的关系则是互相渗透、互相制约和互相保障的。这种说法在普遍意义上是成立的，但对于法与道德这两种纠缠度极高的社会规范来说，二者的区别和联系其实是一体的。

一个源于斯多葛学派（Stoicism），被托马修斯（C. Thomasius）和康德发展的著名观点认为，法律与道德的区别基于这样一个事实：法律调整人们的外部关系，而道德则支配人们的内心生活和动机[107]。换言之，法律是他律的，而道德是自律的。事实上，他律和自律不足以成为法律与道德分离的理由。一方面，道德所涉及的不仅仅是人的内心生活，不仅仅是人与人之间的私人关系，而是人与人、人与社会之间的一切关系；另一方面，法律，首先是作为"应当"因素的普遍意义上的法律，所涉及的也不是外在行为——作为单纯生理现象的人的外在行为不受应当这种理念因素的制约——而为人的意志所左右[108]。

所以，上述自律和他律二分法的观点存在不当之处。法律对人的动机和精神也会重点关注，如刑法中的犯罪意图（主观方面），故意犯罪者往往比过失犯罪者承担更大的罪责,在民事领域同样如此,如果一个人做生意的目的不是盈利而是蓄意使另一个人的生意倒闭,这一恶意就会成为侵权之诉的对象[109]。道德也并非对行为毫不关心,"不表现为道德行为的善意,或者会产生不道德的或有害的非意图后果的高尚动机,都很难被视为社会道德的有意义的表现"[100]。因而,法律与道德几乎是难以分离的,即使是内在信念和外在行为的两分法也不能做到。

  法律与道德难以分离,绝不意味着二者是混同的。法律不是道德的命令化,类似"一切是与非都是永恒的;成文法对不同种类行为的伦理标准并没有增添什么新东西,只不过提供了有效实施的手段"[110]的观点是经不住实践检验的。在历史的长河中,有一些道德确实被上升为法律,但有一些道德也会被划出法律领域,如同性恋问题、欧美一些国家曾经入法的自杀未遂、堕胎行为和婚外性行为等就是实例。时至今日,堕胎行为依然备受伦理争议,婚外性行为更是如此,至于自杀未遂,几乎是所有伦理学家编写伦理教材时必列出的道德案例,然而不少国家的法律已经不再对这些行为进行规制。同时,法律中还存在一些道德观念不能起到重要作用的规定,如技术性的程序规则、政府组织规划和技术标准等,这些规定几乎不涉及道德,其中立性非常明显,然而在法律中却是不可或缺的。此外,"从法律上看是不允许的事,从道德上看却可以是允许的。……从道德上看是不允许的事情,从法律上看却是允许的;一个极其严重地违反了正义的道德义务的人却可以还严格地保持着不超越法律的界限"[111]。所以,法律与道德是难以分离的,但二者又是截然不同的,所以,从法与道德的关系出发去认识法律与伦理的关系,进而论证权利作为科技伦理评估的标准可能还需要另辟蹊径。

  黑格尔认为,无论是法的东西还是道德的东西都不能自为地实存,而必须以伦理的东西为其承担者和基础,因为法欠缺主观性的环节,而道德则仅仅具有主观性环节,所以,法和道德本身都缺乏现实性。而伦理则是自由的理念,"它是活的善,这活的善在自我意识中具有它的知识和意志,通过自我意识的行动而达到它的现实性;另一方面,自我意识在伦理性的存在中具有它的绝对基础和起推动作用的目的。因此,伦理就是成为现存世界和自我意识本性的那种自由的概念"[112]。黑格尔在将伦理与道德作区分时,实际上将伦理视为法律与道德的基础。这一观点为认识法律与伦理的关系提供了一种新的思路——如果法律以伦理为基础,那么法律通过什么反作用于伦理呢?

  康德说,"那种使得一种行为成为义务,而这种义务同时又是动机的立法便是伦理的立法；如果这种立法在其法规中没有包括动机的原则，因而容许另外一种动机，但不是义务自身的观念，这种立法便是法律的立法"[113]。这里，康德以其义务论为中心阐释了伦理立法和法律立法的区别，这种区别虽然依然是动机和行为二分法，却给出了"另外一种动机"的存在空间，这一空间可以为法律与伦理的中介提供场地。伦理和法律之间可以存在一种中介，这种中介使得法律可以反作用于伦理，并且这种中介可能是归属于伦理的，如"另外一种动机"，也可以是归属于法律的，如法律权利。

"通过思维把自己作为本质来把握从而使自己摆脱偶然而不真的东西这种自我意识，就构成法、道德和一切伦理的原则。"[112]或许，从自我认知出发是把握法与伦理之间关系的一条捷径。就个人而言，法律和伦理都是在特定事件中出现的，但人们身处特定事件时一般不会直接去思考这一事件的法律和伦理问题，而会习惯性地考虑自身将会受到什么影响，而对这种影响的思考往往是权利本位的。科技活动是科技伦理评估的特定事件，身处该特定事件的评估对象和公众更关注自身的权利，充分考虑权利的保护能够使科技伦理评估取得更好的效果。

有鉴于此，对于权利作为打破法律判断与道德评价之间壁垒的工具及科技活动伦理评估标准之一的理由可以作如下阐述。

对科技活动进行伦理评估同时具有法律判断和道德评价两种属性，由于法与道德难以分离，在评估时，法律问题和伦理问题并不总是可清晰界分的，而伦理原则与法律规范、法律判断与道德评价之间又天然存有壁垒，因而在本书中不能也不必着力于区分科技伦理评估中的法律和伦理问题，而应抓住二者之间的中介。

如果法律以伦理为基础，法律反作用于伦理的中介必然存在于二者的接触面上，即为二者所共有，而权利刚好满足这一要求。本书选择法律和伦理的共有内容——权利作为切入点，将其作为科技伦理评估中法律问题与伦理问题的中介和打破法律判断与道德评价之间壁垒的工具。那么，中介为何能同时成为打破壁垒的工具？原因是：法律价值与道德原则存在天然契合性，如法律追求的公平、正义、自由等，同样是道德的基本原则，法律追求的秩序价值其实也蕴含于多种道德原则中。但价值和原则的实现必须借助工具，如法律的公平价值就以平等权为重要工具，从而发展出多种维护公平的法律规则和规范。在道德原则中，对于公平的维护则以道德义务为工具。科技伦理评估作为一种交叉科技伦理和科技法的领域，其实现过程就是应用科技伦理和科技法的过程，而所应用的科技伦理主要是一些科技伦理原则,所应用的科技法主要是以法律价值为基础的科技法律规范。因而,作为工具的权利和义务均可成为法律与道德在科技伦理评估中的中介,进而可以成为法律判断与道德评价的中介。由于科技伦理评估是法律判断与道德评价的综合,判断与评价依据标准进行,将二者的中介作为标准的组成内容,可以打破二者之间的壁垒。所以,权利通过和义务一起成为科技伦理评估标准而打破了法律判断与道德评价之间的壁垒。

虽然权利和义务在伦理和法律中都存在,但二者对权利和义务的认识并不同,就权利而言,伦理对权利的认识是道德权利,而法律对权利的认识则是法律权利,所以,如果将权利作为科技伦理评估的标准,那么,标准应该是道德权利,还是法律权利?法与道德难以分离,道德权利与法律权利也是如此,这样,便又陷入了论证法与道德关系的相似困境。同样地,义务也可以分为道德义务和法律义务,所以,必须要对科技活动伦理评估中的权利和义务作出选择。本书选择法律权利和道德义务,并将法律权利固定为科技伦理评估中评估对象和公众的法律权利,将道德义务固定为"显见"的科技伦理原则。在法治环境下,科技伦理评估必须遵循法治的要求,评估权力需要依法行使,保护法律权利是必然要求。在实践中,评估对象和公众一般也只会关注法律权利,而非道德权利,道德权利也无法与评估权力相对应;科技伦理评估的重心在于"伦理评估",伦理评估是一种价值判断,其所遵循的义务——科技伦理原则只能是道德的,而不能是法律的。特别地,由于权利是伦理原则与法律规范的中介,权利不能是道德权利,因为道德权利不存于法律规范中,只有伦理原则中被法律所承认的权利才能成为伦理原则与法律规范的中介,被法律所承认的权利是法律权利。因而,科技伦理评估的标准可以是法律权利和作为道德义务的"显见"科技伦理原则,二者可以连通法律判断和道德评价,二者的有机结合组成了评估标准的内容。

2.3.2.3 评估标准的实践论证

在科技活动中,虽然不是每一个伦理问题都必然会牵涉法律权利,但大多数有伦理争议的问题都可能会与法律权利的保护相关,在此列举三个比较热门的有伦理争议的科技活动进行分析,一是合成生物学,二是基因编辑,三是人工智能。

合成生物学中的伦理争议大致有两个焦点,一是对生命的理解,生命是区分活的有机体与无机物的条件,合成生命将可能打破"生命"与"非生命"、"自然"与"人工"、"进化"和"设计"之间的天然界限,用技术创造生命[114]。作为一项生物科技,合成生物学对生物意义上生命的冲击是明显的,但当其进入社会领域时,人们发问最多的并不是哲学家或宗教人士提出的"扮演上帝论",而是这种"创造生命"的科技会对人类造成什么样的冲击。显然,人类的生命权利是否受到冲击是最受关注的。生命权就其本质而言是人所享有的生命不受非法侵害的权利,合成的生命会不会影响人类的这项权利?这一疑问直接对应合成生物学的第二个伦理焦点——安全问题。合成生物学所产生的风险会不会侵害人类自身的安全,例如难以控制的合成生物会不会对生态产生威胁?对安全权、生存权的保护自然是这种考量的重要内容。

基因编辑科技可以分为两个层面:第一个层面是治疗性基因编辑,第二个层面是增强性基因编辑。前者的目的在于通过修正基因水平来治疗和预防疾病,一般而言,这一目的会得到伦理辩护,并在事实上也已在医疗实践中展开应用,特别是一些唯有通过这种方法才能治愈的基因疾病更是如此。但无论如何,治疗性基因编辑科技会牵涉患者的健康权,对于这种健康权的关注和保护会使公众更容易认同对治疗性基因编辑的伦理辩护。增强性基因编辑则受到很大的伦理责难:能否对健康人进行基因改造增强自身,或将某种身体内部或外部的增强性传给下一代?显然,这事关主体的发展权——漠视后代开放性未来的权利,提前为胎儿选择,以及显而易见的对未获得基因增强的他人平等权的侵犯。

人工智能涉及的伦理问题不胜枚举[①],讨论较多的包括算法、隐私、安全和机器人权利等。然而人们所担心的所有伦理问题归根到底多数还是基于自身权利的考虑,如隐私权、安全权等,即使是机器人权利的讨论,其实也建立在人权基础上,机器人该不该有权利,该有什么权利,都只是保护人权前提下的一种谈资罢了,即使将机器人视为法律意义上的"人"也是如此。

到这里为止,本部分关于法律权利和伦理问题的讨论还停留在比较初级的阶段,仅证明了科技伦理背后往往都有法律权利存在和驱动,科技活动中的伦理原则与法律权利是相关的,且具有一定的对应关系。更进一步的讨论将直接从科技与权利之间的关系出发,从中可以看出,科技伦理问题其实离不开对法律权利的限制和保护。

---

① 关于这一问题可以参考杰瑞·卡普兰.人工智能时代:人机共生下财富、工作与思维的大未来[M].李盼,译.杭州:浙江人民出版社,2016.

科技的发展所造成的伦理困境是权利的"战场"。安乐死是一个不断被提及的法律和伦理问题，随着科技的深入发展，安乐死变得越来越"安乐"，这是一个悲哀的现实，有些疾病仍没有治愈的方法，但科技却使死亡变得更"舒适"。类似的问题还存在于死刑存废议题上，从枪击、电椅再到注射，死刑也变得更加人性化。如果将死亡看作一种权利，这种科技的进步就对伦理问题造成了很大冲击，至少伦理非难中的一部分被科技解决了，而权利却一直在博弈，生命权与死亡权、人权与尊严在科技的发展中不断博弈，结局依然遥遥无期。科技不但通过自身的发展来避开和解决伦理问题，它还创造出了许多新的权利来助阵，如信息科技的发展催生被遗忘权、可携带权、信息产权等，在这些新生权利下，很多伦理问题受到了有力的阻击。例如信息伦理中最受关注的隐私问题就遭遇了有效拦截——被遗忘权可以使网络平台继续收集新的公众数据，而避开隐私争议的重重阻隔；可携带权在为网络技术的规模化发展提供新的商机的同时，也使得对公众隐私信息的收集变成一项伦理上可适度接受的行为；信息产权则更进一步让技术提供者用服务换取公众隐私信息的行为变成一种等价交换，在公平交易的面具下避开伦理的责问和约束。

从社会层面来看，科技与权利之间的关系逐渐内化到科技伦理的要求中，进而对科技评估提出了无法绕过的价值诉求。从蕾切尔·卡逊（Rachel Carson）《寂静的春天》（*Silent Spring*）到罗马俱乐部再到人类命运共同体，几十年来，科技发展面临的一个直接的拷问就是如何减轻或消除其对环境、社会及对人类精神世界的负面影响，说到底，科技必须重视人的权利，这里的"人"也包括科研人员自己。但不断地反思难免会使一些研究变得束手束脚，被写进我国宪法的科学研究自由权与社会公益和公众权利之间需要一种有效的调和。当科技伦理已达成某种共识时，违背科技伦理的行为就不仅停留在道德的谴责中，而是一种对权利的直接侵损，应当受到法律的制裁。违反诚信而骗取的课题基金对社会公平的影响，对其他科研人员平等权的损害，取得的不合格成果对公众健康权、生命权的伤害，等等，已经是超越了伦理的法律问题。一项虚假的科研成果对基金部门、科研部门、企业等造成的不利影响最先体现为侵权。更为严重的事实是，权利被侵害会使整个科学共同体面临不被社会和公众信任的窘境，直接的影响是，人们会不信任该不端行为者的所有行为，包括此前其做出的经受住检验的成果，间接的影响是，公众对整个科技界的信任度可能会降低，从而损伤科学的权威。

第 2 章 科技伦理评估的理论内涵

"自由就在于把国家由一个站在社会之上的机关变成完全服从这个社会的机关。"[115]国家以保护社会和公众权利和自由的方式来换取承认和批准自己的基础，那么，国家权力的范围不超越这些权利和自由也就在情理之中，人的权利及其保障机制的制度化、法律化，是民主的主要宗旨之一。当科技成为国家行政管理的一部分时，科技发展对权利和自由的尊重就与民主休戚相关。因此，即使是从国家存在和发展的角度而言，科技伦理也不能不积极关注法律权利。

通过上述理论和实践论证，可以确定科技伦理评估标准不仅是"显见"的科技伦理原则，法律权利也是科技伦理评估标准的内容之一，评估标准的实质内容就是特定法律权利与相应科技伦理原则的结合。

评估标准的两个组成内容是相互关联和相互依存的。"显见"科技伦理原则可以通过法律权利的保护情况来确定，在科技对法律权利产生重要影响的当下，在评估制度实践中所要遵循的伦理原则，一般都会与特定的法律权利相对应。本节第一部分关于评估标准来源的论述表明，伦理原则基本是确定的，本书要做的是从科技专业角度出发确定科技活动中的"显见"伦理原则，根据法律权利与科技伦理原则的相互对应关系，考察制度实践中法律权利的保护情况，就可以同时确定相应的科技伦理原则，这些科技伦理原则就是评估标准中的"显见义务"。确定这些法律权利和科技伦理原则的具体内容是本书第3章的主要目标。

2.4 理论内核

本节所称理论内核是指科技伦理评估理论内涵的核心内容。通过分析，大概可以对科技伦理评估的理论内核作总结：科技伦理评估的理论基础是"显见义务论"，其评估标准是特定的法律权利与"显见"的科技伦理原则的结合，其本质要求是依法评估，其一般含义是指对科技活动进行伦理层面的评估，作为一种价值评估，其与以往效果导向的科技评估一起构成了完整意义上的科技评估。

由于评估标准是框架的核心，选定评估标准就成了建构框架的第一个任务。本书经过上述理论分析，认为可以通过法律权利在评估实践中的保护情况，帮助选定适用的"显见"科技伦理原则，再将二者结合作为评估标准，至于"显见"科技伦理原则之间的冲突，则可以借鉴法律权利冲突的解决办法来解决。本书的研究方法为该思路提供了支持,即通过对科技伦理评估的相关制度进行考察,发现制度实践中法律权利的保护情况和各国所尊重和推崇的科技伦理原则,将这些法律权利与对应的科技伦理原则相结合,作为科技伦理评估的标准。鉴此,本书第3章将对我国和部分发达国家和地区的科技伦理制度进行深入细致的考察。

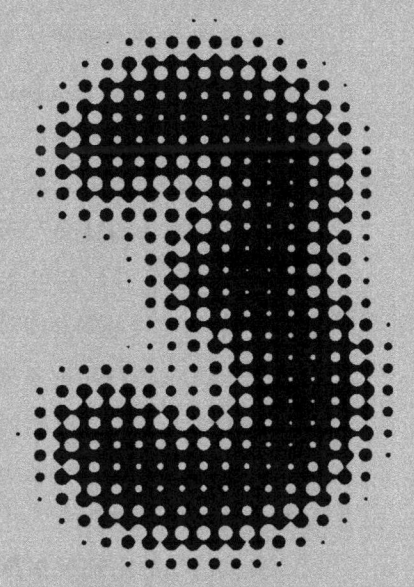

科技伦理评估的制度考察

弗里德曼言:"现代法律文化正在征服世界,科学技术不尊重政治经济,飞机场控制塔中没有当地习惯的地盘,银行业、防疫注射和造水坝全世界都差不多,普遍需要的制度使法律在一定程度上一致起来。"[116]这种由科技所推动的法律一体化的进程是对本书采取制度分析方法的一个支撑。科技背景下的法律一体化使得在"科学技术与社会"研究中采取考察各国法律制度的研究方法获得了新的支持——不同的科技制度可能遵循着普遍的需要,因而天然具有互相借鉴的可能性。ELSI当前的发展趋势也证明了在科技伦理评估研究中考察其他国家制度资料是可行的——国外2013年前后提出的ELSI 2.0依然"继续构建和支持全球化的ELSI研究和决策能力"①,"考虑到我们所面临的科技发展风险以及经济社会全球化趋势,只有使ELSI研究以一种全球化、系统性、相互协调的方式进行,才能实现推动科学技术良性发展的目标"[117]。

科技活动的伦理评估虽然在很大程度上属于伦理研究范畴,但对科技进行伦理评估却是一个法治行为,实践中虽然鲜有关于科技伦理评估的制度②,但科技伦理在各国都是检视科技发展情况的重要标准,与科技伦理相关的制度在某种程度上反映了一国科技伦理评估的实践与官方对特定科技伦理原则的尊重和对科技活动中法律权利的保护情况。制度的表现形式通常是政策法规,所以本书将重点考察美国、欧盟和我国与科技伦理相关的政策法规,发现其中受尊重的科技伦理原则和被保护的法律权利,从而确定评估标准中"显见"科技伦理原则和法律权利的具体内容。制度考察也会为发现评估框架组成元素的内涵和具体构建框架提供帮助。

科技伦理问题不是法律问题,选择科技伦理案例时一般不应该选择已经进入司法程序的判例,因为"违反伦理或道德标准的人,除非行为上也违反了法律,否则不会面临这些惩罚(指法律惩罚——作者注)[102]"。对违反伦理行为的惩罚,往往是以"道德谴责"的形式来完成的。但本书还是选择了"提及科技伦理关键

---

① ELSI 2.0,参见https://www.ndph.ox.ac.uk/research/centre-for-health-law-and-emerging-technologies-helex/projects-1/elsi-2-0-2013-a-new-initiative-for-genomics-policy-and-society.
② 根据本书的研究目的,应该选择"科技伦理评估"或者"伦理评估"的法规政策,然而经过前期检索后发现,这两类政策法规在各国都非常少见。所以,本书决定以"科技伦理"及其子概念为检索关键词进行更大范围的检索,所有法规资料均为与科技伦理相关的政策法规。

词"的判例作为制度考察的一个重要内容,理由在于:越来越多的科技活动判例在裁判时开始关注科技伦理问题,虽然其不可能以"违反伦理"作为裁判理由,但其在裁判文书的事实认定部分对伦理原则的尊重却为本书选定"显见"的科技伦理原则提供了素材;由于判例对法律权利作出了实质性的处置,因而还可以从中发现法律权利面对科技伦理原则时是如何得到保护和限制的,从而在结合法律权利与伦理原则时做到有据可依。因此,本书选择的科技伦理制度包括科技伦理相关政策法规和提及科技伦理关键词的判例两种。

3.1 法规研究[①]

本节将会考察法规层面的科技伦理评估,主要体现于所搜集的国内外关于科技伦理的政策和法规资料中。

3.1.1 国内外法规考察

3.1.1.1 国内法规分析

当前我国关于科技评估的制度已渐成体系,2021年新修订的《科学技术进步法》是科技评估的主要法律依据,《国务院印发关于深化中央财政科技计划(专项、基金等)管理改革方案的通知》《国务院关于加快科技服务业发展的若干意见》则为科技评估的改革指明了方向,《科技评估工作规定(试行)》和《科技监督和评估体系建设工作方案》均是改革的产物,并已成为科技评估工作的基本办法。《中央财政科技计划(专项、基金)等监督工作暂行规定》《国家重点基础研究发展计划专项经费管理办法》《科技部科技计划课题预算评估评审规范》等是具体科技活动的评估规定,另外还有《科技评估报告基本规范》《科技评估基本准则》《科技评估基本术语》《科技平台标准化工作指南》《科技服务业分类》《农业科学技术成果评价技术规范》《科学技术研究项目评价通则》等一系列评估标准。体系化的科技评估制度是科技评估工作有效实施的坚强保证,是深化我国科

[①] 本书所称"法规"是一个广义的概念,包括法律、行政法规、部门规章、地方性法规和规章及部分规范性文件。

技管理改革的有力措施,然而各类制度均呈现出明显的效果导向性,如上文提及的《科技评估工作规定(试行)》对科技评估目的的定位就是效果导向性的,其他如《科学技术评价办法》《科技评估管理暂行办法》《科技成果评价试点暂行办法》等基本也以效果导向为主,仅《科学技术评价办法》对学术不端有所提及。

为了使本研究的伦理特性在资料中体现出来,本书以"科学伦理"、"科研伦理"(学术伦理)、"技术伦理"、"工程伦理"为检索项进行首轮检索,使用的数据库为"北大法宝""北大法意"数据库、台湾地区的"法规资料库"[①]、香港律政司网站[②]及澳门特别行政区政府网站[③],检索时未对起始日期设置期限,检索截止日期为2020年1月1日。之后,又以"生命伦理""医学伦理""环境伦理""生态伦理"和"信息伦理"为检索项进行二轮检索,检索方法同上。最终得出总体的法规数量统计表如表3-1所示。

表3-1 中国科技伦理法规数量统计表

地 区	科研伦理法规（含学术伦理法规）	技术伦理法规	生命伦理法规	医学伦理法规
大陆/内地	18	—	2	37
台湾地区	16	1	15	8
香港特别行政区	4	3	7	5
澳门特别行政区	—	—	4	4

根据表3-1可知,我国科技伦理立法集中于科研伦理领域、生命伦理领域和医学伦理领域,尚无与工程伦理相关的法规。在科研伦理方面,大陆和台湾地区的立法数量相近,但大陆更偏向于从宏观层面对科学研究进行伦理约束。相较而言,大陆重视医学伦理甚于生命伦理,对部分法规进行研读后发现,医学伦理的法规主要规制医疗实践中的伦理问题,生命伦理则将矛头指向实验室。

表3-1反映出我国科技伦理制度权利保护的一个鲜明特征:特别关注人的生

---

① https://law.moj.gov.tw/.
② https://www.doj.gov.hk/chi/laws/.
③ https://www.doj.gov.hk/chi/laws/.

命、健康、身体等权利。法规非常重视那些可能对上述权利产生影响的科技，这些科技是立法的重点规制对象。

图3-1描绘了我国四个地区科技伦理法规制定的年度趋势（截至2017年年底）。从中可知，大陆/内地科技伦理法规的制定起步较晚，基本从21世纪后才开始将科技伦理问题入法，但其势头较猛，波峰最高，呈现出集中制定的特点。这样做的好处是能迅速建立起科技伦理的法律体系，但缺点也很明显：一是对问题的调研较为仓促，对所规制对象的认识不够深刻；二是集中制定必然需要大量移植和借鉴国外相关法规，这就会产生本土化不够充分的问题；三是检验时间较短，也即可能缺乏一个"试行"的缓冲期。香港特别行政区的法律制定起步最早，回归前就已形成了一定的立法规模。在进入21世纪后，科技发展日新月异，科技伦理问题日渐突出，无论是大陆/内地还是其他三个地区都有过几次立法爆发期，表明科技伦理问题在21世纪得到了国家的广泛重视。

为了更深入地分析科技伦理法规，本书根据科技伦理主题对科技伦理法规进行分类，选择各个主题中部分科技伦理法规作为法释义学研究的对象，选择情况如表3-2所示。

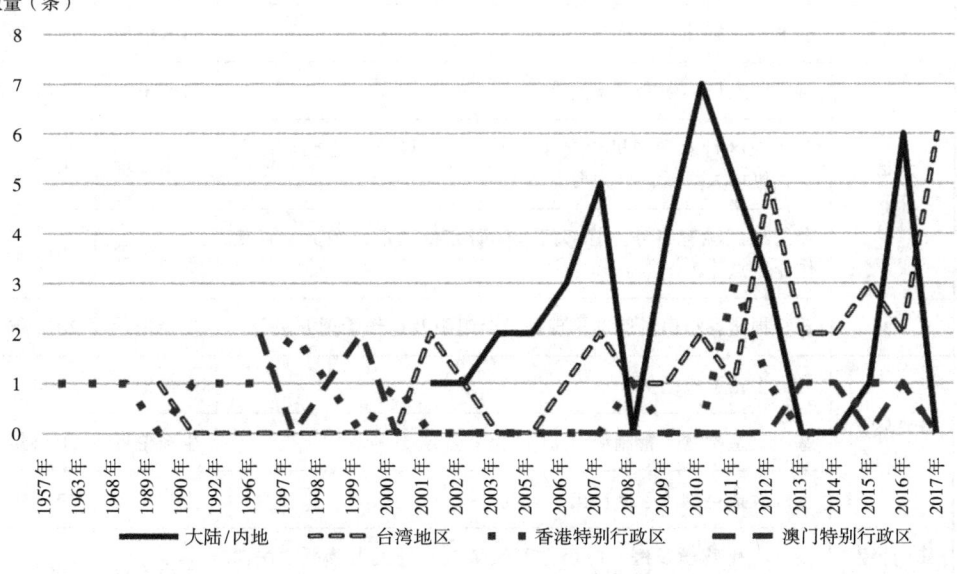

图3-1　中国科技伦理法规制定趋势图

表3-2　1999—2017年中国部分科技伦理法规统计表

地区	名称	对应主题	年份
大陆/内地	涉及人的生物医学研究伦理审查办法	生命伦理	2016年
	国家食品药品监管总局通告2016年第58号——关于发布《医疗器械临床试验伦理审查申请与审批表范本》等六个文件的通告	医学伦理	2016年
	人胚胎干细胞研究伦理指导原则	生命伦理	2003年
	中国科学院对科研不端行为的调查处理暂行办法	科研伦理	2016年
	高等学校预防与处理学术不端行为办法	科研伦理	2016年
	国家自然科学基金项目科研不端行为调查处理办法	科研伦理	2022年
	人体器官移植条例	医学伦理	2003年
	国家卫生计生委关于印发人体器官移植医师培训与认定管理办法等有关文件的通知	医学伦理	2016年
台湾地区	专科以上学校学术伦理案件处理原则	科研伦理	2017年
	学术伦理案件处理及审议要点	科研伦理	2017年
	对研究人员学术伦理规范	科研伦理	2017年
	台湾地区行政管理机构农业委员会农业科技创业投资计划受托机构人员道德行为要点	技术伦理	2007年
	台湾地区教育事务主管部门人体研究伦理审查委员会查核作业要点	生命伦理	2017年
	器官捐赠移植医院医学伦理委员会组织及运作管理办法	生命伦理	2017年
香港特别行政区	人类生殖科技条例	生命伦理	2000年
	基因改造生物（管制释出）（豁免）公告	生命伦理	2012年
	基因改造生物（管制释出）条例	生命伦理	2011年
澳门特别行政区	设立在生物学及医学应用方面保障人权及人类尊严之法律制度	生命伦理	1999年

从表3-2可以直观看出，我国科研伦理法规的制定主体多样化，包括教育部、国家自然科学基金委员会和中国科学院等，多头制定反映出国家对科研人员伦理规约的重视，但同时也容易产生法规之间的冲突问题，这种冲突也可能会导致权力和权利之间的冲突。在精读表3-2中的科技伦理法规后发现，科研伦理方面的法规，基本以科研人员为对象，并且由于制定主体的不同，一般会针对某一领域，包括职业领域和部门领域的科研人员，如高校教师、中国科学院研究人员、自然基金项目申报和获批者等；生命伦理和医学伦理方面的政策法规主要针对人体研究的应用，如胚胎干细胞治疗和器官移植等，也即关注点在人本身，并且均或多或少指向实验室。大陆/内地科技伦理法规的规定比较宽泛；台湾地区则较为重视具体可操作的处理程序，特别是在伦理审查的程序上比较完备；香港特别行政区和澳门特别行政区的生命伦理法规比较明显地指向生命健康权利的保护。

3.1.1.2 国外法规分析

按照惯例，一般国际视角的研究会选择发达国家作为借鉴的模板，所以，本书选择美国和欧洲国家进行国外制度考察。由于欧洲国家众多，但其法律渊源颇深，故为了体现统一性，直接选择了欧盟的法律法规，这样做的好处是能够抓住欧盟成员国法律发展和判例进展的基本趋势——也即欧盟成员国法律体系、司法制度的趋同化趋势[①]，同时也避免了在比较分析时需要对多个国家进行反复比较的麻烦。检索选择的数据库是westlaw和lexis等法律数据库和欧盟官方网站[②]，以 scientific、ethics/technology、ethics/engineering、ethics/bioethics/biomedical、ethics/medical、ethics/research、misconduct/environment ethics/ecological ethic 等作为检索关键词，并且选择"&"和"same sentence"作为检索规则，先检索标题，再检索内容，之后进行人工筛选。下面首先对美国（联邦，不含各州）和欧盟（不含各国）的科技伦理法规政策进行分类统计（表3-3）。

---

① 不包括英国。英国属于普通法系，与民法法系的欧洲大陆各国区别很大，英国于2013年首提"脱欧"，2020年，欧盟正式批准英国脱欧，因此，英国已不具备趋同化条件。
② https://europa.eu/european-union/law_en.

表3-3　美国科技伦理法规分类统计表

法规名称 \ 法规类别	生命伦理	工程伦理	医学伦理	科研不端	科学伦理	技术伦理	环境伦理
《联邦法规》(Code of Federal Regulations)	1	—	16	157	—	2	—
《联邦公报》(Federal Register)	386	4	147	308	20	9	37
《美国法典服务——联邦条例注释》(USCS-Federal Rules Annotated)	—	—	1	—	—	—	—
《美国法典服务——第1篇到第54篇》(United States Code Service- Titles 1 Through 54)	1	—	5	35	—	—	—
《联邦政府机构决定》(Federal Agency Decisions)	404	6	175	329	23	5	61
总计	792	10	344	829	43	16	98

注：部分法规多次出现相同关键词。表中技术伦理、工程伦理、医学伦理的检索截止日期为2020年1月1日，其余关键词的检索截止日期为2017年9月30日。

尽管上表中存在重复统计的情况，但美国的科技伦理法规数量确实惊人，以《联邦法规》为例，广义上属于科学伦理领域的科研不端出现最多，除此之外，还得有生命伦理、医学伦理和技术伦理，考虑到法律效力问题，美国对于这四个领域的伦理问题确实非常重视。所有法规中，《联邦公报》和《联邦政府机构决定》中科技伦理法规数量最多，反映出美国对具体的、实际发生的科技伦理问题的关注度较高。从总数上来说，美国科技伦理法规中工程伦理法规数量最少，其次是技术伦理法规，科学伦理（包括科研不端）法规数量最多。在具体科技领域，生命伦理和医学伦理法规数量很多，特别是生命伦理法规，与我国相比，要明显多于医学伦理法规，反映出美国对实验室伦理的重视程度高于临床伦理。

图3-2对欧盟科技伦理法规进行了统计（检索截止日期为2017年9月30日），从中可以看出，欧盟最早的科技伦理法规可以追溯到欧洲共同体时期，即1989年

就有了第一个科技伦理法规,此后的立法基本是连续的或时间间隔较短,进入21世纪后制定步伐未见明显加速,但立法数量明显增多,2011年以来,立法频率提高。欧盟整体上的新兴科技伦理(Ethic in Science and New Technology)法规数量与日俱增,这反映出欧盟科技伦理方面的法规有统一的趋势,或者至少有这样的意愿。比较值得注意的是,截至2017年9月,生命伦理法规已有十多年未再制定,而医学伦理法规也是在时隔十几年后才于2014年再次制定,这或许表明生命医学方面的科技虽然一直在发展,但该方面的伦理规约在一定程度上已在欧洲达成共识,并且没有很大变化。

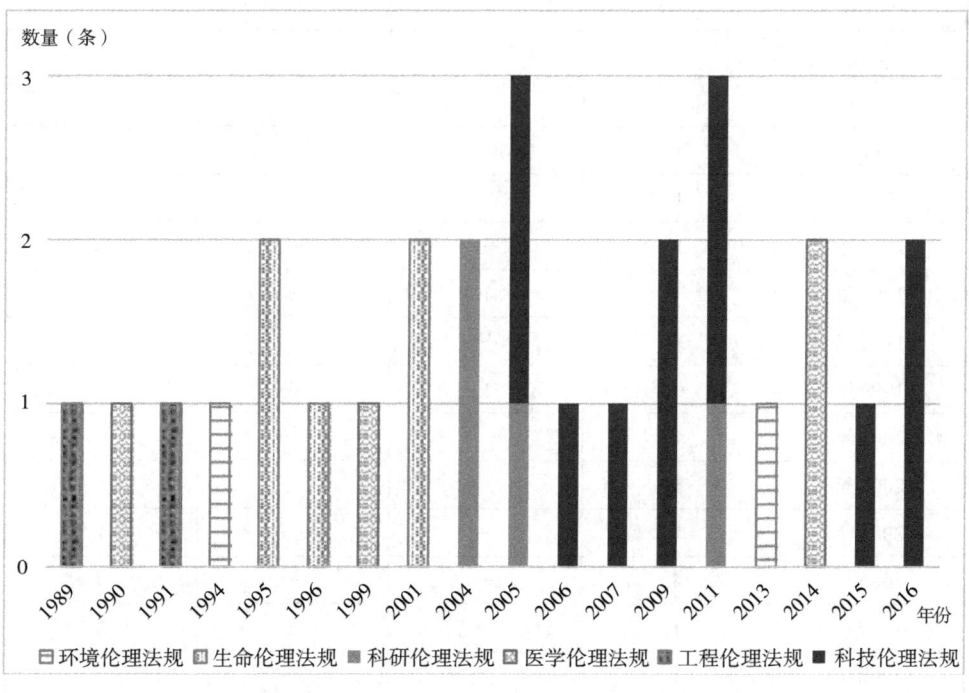

图3-2 欧盟科技伦理法规分类统计图

由于美国的科技伦理法规很多,为了更详细地分析,有必要对美国的法规进行限缩关注。表3-4统计了美国科学伦理(不包括科研不端)、技术伦理和工程伦理这三个领域的相关法规(此次统计剔除了重复项)。

表3-4 美国科技伦理法规部分主题统计表（截至2016年）

年份\法规类别	科学伦理	技术伦理	工程伦理	总计
1975年	—	1	—	1
1977年	1	1	—	2
1984年	—	1	—	1
1985年	1	—	—	1
1987年	1	—	—	1
1988年	1	—	—	1
1989年	1	—	1	2
1990年	1	—	—	1
1991年	1	1	—	2
1992年	1	—	—	1
1994年	1	—	—	1
1997年	—	1	—	1
1998年	—	—	1	1
1999年	—	1	—	1
2001年	1	—	—	1
2002年	1	—	—	1
2005年	1	—	—	1
2006年	4	—	—	4
2007年	1	—	1	2
2008年	1	—	—	1
2009年	2	—	1	3
2010年	2	—	1	3
2012年	2	1	—	3
2013年	—	—	1	1
2016年	1	—	—	1
合计	25	7	6	38

第 3 章 科技伦理评估的制度考察

从发展历程上来看，科学伦理和技术伦理出现得较早，工程伦理则要晚了十几年，但进入21世纪后，工程伦理法规制定频率有所提升。科学伦理一向是美国重视的领域，无论是制定频率还是数量都明显高于技术伦理领域和工程伦理领域，由于科学伦理相对而言更为基本，因而这一现象或许表明美国重视对科技伦理追本溯源，也表明美国对科学研究人员的伦理要求明显高于技术人员和工程人员。

为了更好地发现我国科技伦理法规与国外的差异，本书对表3-4中的美国科技伦理法规（即不含科研不端的科学伦理、技术伦理和工程伦理法规）和中国的科技伦理法规作了一个立法趋势的对比分析（截至2017年9月30日），如图3-3所示。

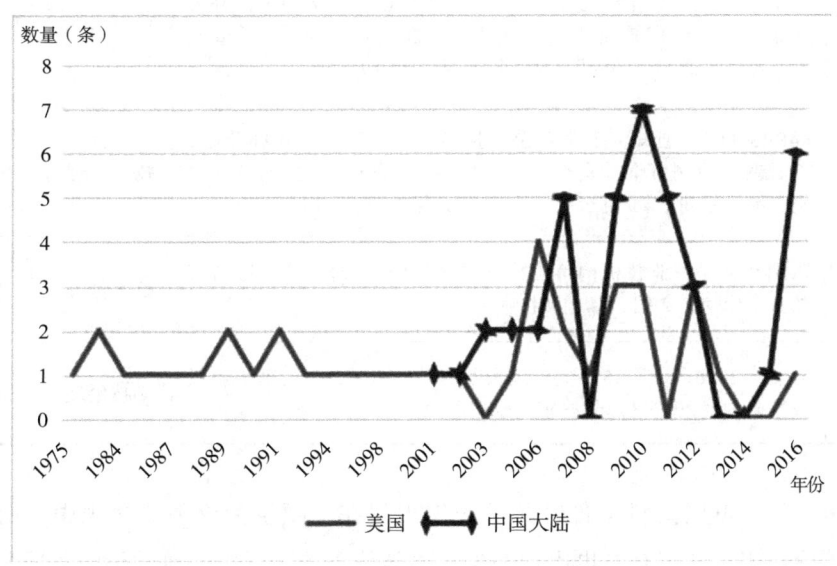

图3-3 美国和中国科技伦理法规制定趋势对比图

如3.1.1.1中的分析，我国大陆的科技伦理法规出现较晚，进入21世纪后才出现相关法规，但随即进入井喷期，而美国科技伦理法规制定数量的波动幅度明显较小，但21世纪以来的制定数量和频率也高于20世纪。在科技发展进入高速期后，科技伦理立法的步伐也明显加快，这一点，我国大陆和美国没有明显差异。我国大陆的科技伦理法规制定数量波动不算频繁，只是波动的幅度过大，这反映出我国大陆科技伦理法规对科技发展的追赶有些急迫，又有些不太理性。

由于美国和欧盟的科技伦理法规总数较多，且有的法规颁布年代久远，为了方便分析，筛选了部分主题中颁布年代较近的新法规，然后对筛选出的法规进行法释义学精读和分析。具体而言，主要是以科学伦理、技术伦理、工程伦理和生命伦理[①]四个主题选择最新的法规政策作为文本分析的依据，如果最新的法规存在效力待定或者偏离本书研究内容的情况，则向前推溯，重新选择。最终确定了表3-5所示的几项法规。

表3-5　美国和欧盟部分科技伦理法规统计表

	名　称	对应主题	年份
美国	81FR69822，通知，卫生和人类服务部（HHS）疾病控制和预防中心（CDC）、国家健康和营养检查调查（NHANES）DNA样本：样本使用建议指南和成本表。2016年10月7日，星期五。类别：通知。《联邦公报》第81卷，第195号	科学伦理	2016年
	64FR31003，通知，卫生与公众服务部（HHS）部长办公室，部长基因检测咨询委员会会议，1999年6月9日，星期三。类别：会议通知。《联邦公报》第64卷，第110号	技术伦理	1999年
欧盟	欧洲数据保护监督机构第4/2015号意见的执行摘要，"迈向新的数字伦理：数据、尊严和技术"	技术伦理	2015年
	委员会2016年5月25日关于延长欧洲科学与新技术伦理小组任务期限的第2016/835号决定（欧盟）	科技伦理	2016年

2016年，美国的科学伦理相关规定出现在一项生命伦理的法规中，而美国的技术伦理相关规定有时也出现在生命医学伦理的法规中，通过检阅美国其他科学伦理和技术伦理的法规，发现这种现象并非偶然，美国很少有直接规定科学伦理和技术伦理的法规，而是将科技伦理渗入各具体科技领域的伦理法规。与之不同的是，欧盟已经转向制定综合统一的科技伦理法规，其中基本是按照研究—应用—评价的主线进行伦理约束和权利保护，欧盟2010年以来还针对新兴科技制定了一些整体上的伦理法规，如对大数据技术的伦理规约等。

---

① 科学伦理、技术伦理和工程伦理是科技伦理的主要类别，生命伦理在美国和欧盟的法规中出现最多，因此选择这四类伦理作为具体科技伦理的代表。

3.1.2 法规启示与分析

上文对中国、美国和欧盟的科技伦理政策法规进行了统计和分析，虽然在其中得出了很多对科技伦理研究和科技评估实践有所助益的结论，但由于本书的目的是构建科技活动的伦理评估框架，且需要在"显见义务论"的指导下，根据法律权利的保护情况发现"显见"的科技伦理原则，然后再将其与对应的法律权利结合，确定评估标准，所以在这一部分中将着重对上述制度分析中的伦理原则和法律权利进行分析。

中国的科技伦理法规数量与美国相比较少，但近几年制定势头迅猛。中国的科技伦理法规对工程伦理关注不足，立法的规制对象包括高校教师、科研院所研究人员和基金申报者等，但由于多头制定问题，各类规制对象在法规中的权利和义务可能有所不同，且各种法规也可能会对同一问题作出不同规定，从而导致权利和权力的冲突。中国的科技伦理立法特别重视生命权、健康权和身体权等具体的人身权利，在具体科技领域中体现出了重视研究伦理的趋势，如在医学伦理立法中，也经常将矛头指向实验室。美国的科技伦理法规非常发达，对科研伦理、生命伦理和医学伦理比较重视，工程伦理的法规从2010年开始增多。美国对于科研人员的伦理要求高于技术人员，其科学伦理和技术伦理往往散见于具体科技领域的法规。21世纪以来，欧盟科技伦理法规数量增加较多，注重在整体上为新兴科技伦理制定法规，对大数据等新兴科技格外关注。

无论是中国、美国还是欧盟，在科技伦理法规中对于伦理原则的创新是极少的，如上述生命伦理四原则几乎成了生命伦理和医学伦理领域的"显见义务"，而科研伦理也没有跳出十二原则说的范畴，但本书仍然可以在法律权利的相关规定中找到伦理原则的一些变化。各国的科技伦理相关制度都更关注科研行为，更关注实验室里的研究行为和科研人员的法律权利，如美国对具体科技领域的伦理关注便集中在科研伦理上，这表明对具体科技领域的伦理原则的确定应当与科研伦理保持一致。这是一种溯及根源的思路，所以应该更多地关注科技伦理领域的科研伦理原则。隐私在大数据等新技术领域受到特别关注，对隐私权的保护几乎成为所有此类法规的共性，保护隐私本身是一种伦理原则，但在传统的科技伦理原则中尚未得到有效重视，鲜有研究将其作为一项独立的科技伦理原则，多数是将其纳入"尊重自主"等原则作为一个子项。

因而，可以得出一个结论，伦理原则由于原则性较强，在可预见的一段时期内不会有大的变化，相反，法律权利的保护会越来越广泛，特别是新兴科技所衍生出的权利也开始出现于法规中，如信息科技领域中诞生的可携带权、信息产权和被遗忘权等，特别地，法律权利与伦理原则的融合以一种互相转化的方式开始显现。

鉴此，基于制度研究，从法律权利保护的角度出发选定科技伦理中"显见"的伦理原则的路径，包括以下两种：固有的科技伦理原则可以全部入选，但需要更多地向科研聚焦，尤其是具体科技领域的伦理原则；保护隐私可以作为一种"显见"的科技伦理原则。这些"显见"原则与对应的法律权利相结合，构成评估标准。

3.2 判例研究

需要再次说明的是，这里的判例不是科技伦理判例，而是提及"科技伦理"及其子概念关键词的判例（以下简称"提及科技伦理关键词的判例"），没有选择"科技伦理评估"和"伦理评估"作为关键词的原因见第58页注释②。

3.2.1 国内外判例考察
3.2.1.1 国内判例研究

以"科研伦理""技术伦理""科学伦理""工程伦理""生命伦理""医学伦理""信息伦理""环境伦理"等为关键词在"北大法宝""北大法意"数据库和中国裁判文书网[①]、台湾地区司法主管机构[②]、香港特别行政区"司法机构"网站[③]、澳门特别行政区法院网站[④]等数据库内进行检索，检索时未对起始日期设置期限，检索截止日期为2017年9月30日，对检索得到的数据进行人工筛选，剔除错误项，然后借助软件制成表格进行分析（表3-6至表3-8）。

---

① http://wenshu.court.gov.cn/.
② http://jirs.judicial.gov.tw/FJUD/.
③ http://www.judiciary.hk/tc/legal_ref/judgments.htm.
④ http://www.court.gov.mo/zh/subpage/researchjudgments.

表3-6 中国大陆提及科技伦理关键词的判例统计表

年份	技术伦理	科研伦理	生命、医学伦理
2010年	—	—	1
2011年	—	—	—
2012年	—	3	1
2013年	1	—	3
2014年	—	17	8
2015年	—	6	7
2016年	—	16	9
2017年	—	4	—

中国大陆的判例关键词主要是科研伦理和生命、医学伦理，唯一的一个提及技术伦理关键词的判例也属于医疗技术领域。提及科研伦理关键词的多为行政诉讼，也即大多是受到处罚的科研人员为维护自身权利提起的诉讼，而提及生命、医学伦理关键词的判例则多为民事诉讼，往往是医疗事务领域发生的侵害当事人身体权、健康权乃至生命权的判例。这至少说明两个问题：一是科研人员其实特别重视自身权利，因为一次处罚往往可能对其名誉、信誉和职业生命造成致命打击；二是普通公众在科技活动中所重视的权利集中表现为人身权利，对于更为广泛的财产权利及涉及社会公益的权利关注不足。中国大陆在裁判书中提及科技伦理的判例的出现比科技伦理法规的出台晚10年，直到2010年才出现第一个明确提到上述关键词的判例[①]，但此后科技伦理关键词的出现频次增加并更为平均，这说明2010年以来中国大陆在科技活动的司法实践中对于科技伦理问题渐渐重视起来。

[①] 这并不是说2010年之前，中国大陆关于科技活动的判例都不关注科技伦理，只是说在判决中并未明确出现科技伦理关键词。

表3-7 中国香港特别行政区、澳门特别行政区提及科技伦理关键词的判例统计表

主题	医事伦理										
年份	1980年	1986年	1995年	1997年	2005年	2006年	2007年	2009年	2011年	2012年	2013年
香港特别行政区	1	1	1	1	1	3	1	1	1	1	1
澳门特别行政区	—	—	—	—	—	—	—	—	—	1	—

中国香港特别行政区和澳门特别行政区的科技活动判例中提及的科技伦理关键词全部是医事伦理,这与二者的科技伦理法规所关注的领域类似,这一领域的立法相对成熟。与内地相比,香港提及医事伦理关键词的判例出现得较早,可以追溯至1980年,20世纪90年代后虽然每年出现的判例数量没有增加,但出现频率增高,在香港重视科技法治、医疗安全的背景下,医事科技领域对于伦理的要求很高。香港、澳门的科技发展情况与内地不同,香港、澳门基础学科发展水平一般没有应用学科高,而且医学技术更为发达,这一领域的科技伦理也相对更为成熟,这也解释了为何香港、澳门制定的科技伦理法规多属于生命、医学伦理领域。当然,香港、澳门公众对于自身人身和财产权利的重视(表现为索赔金额较高)也是一个原因。

表3-8 中国台湾地区提及科技伦理关键词的判例统计表

主题	科学、学术伦理			技术、工程伦理			生命伦理			医学、医事伦理			环境伦理		
年份	民事	刑事	行政	民事	刑事	行政	民事	刑事	行政	民事	刑事	行政	民事	刑事	行政
2000年	—	—	—	—	—	—	—	—	—	1	—	—	—	—	—
2002年	—	—	—	1	—	—	—	—	—	—	—	2	—	—	—
2003年	—	1	1	—	—	—	—	—	—	1	1	2	—	—	—
2004年	—	1	—	—	—	—	—	—	—	—	—	3	—	—	—
2005年	1	—	3	—	—	—	—	—	—	1	1	8	—	—	—
2006年	2	1	1	1	—	—	—	—	—	1	1	6	—	—	—
2007年	—	—	9	—	—	—	—	—	—	3	3	15	—	—	—

（续表）

年份 \ 主题	科学、学术伦理 民事	刑事	行政	技术、工程伦理 民事	刑事	行政	生命伦理 民事	刑事	医学、医事伦理 民事	刑事	行政	环境伦理 民事	刑事	行政
2008年	—	1	8	—	—	—			3	1	10	—	—	—
2009年	1	1	3	—	—	—			—	—	9	—	—	2
2010年	3	—	5	—	—	—	1	1	2	3	20	—	—	—
2011年	2	1	6	—	—	—	—	1	3	4	18	—	—	1
2012年	3	2	5	—	—	—	—	—	4	4	17	—	1	4
2013年	1	1	11	—	—	2	—	—	2	2	7	—	—	4
2014年	3	3	17	—	—	—	—	—	2	1	4	—	—	2
2015年	2	—	15	—	—	—	—	—	2	2	5	—	—	1
2016年	1	—	16	—	—	—	—	—	3	2	2	—	—	2
2017年	—	—	15	—	1	—	—	—	2	—	7	—	—	—

台湾地区提及科技伦理关键词的判例数量是我国最多的，且在各种科技活动领域中分布比较均匀，这从一个侧面反映出台湾地区的科技活动判例对科技伦理非常重视，也反映出台湾地区在科技领域对公众及科研人员权利的保护相当完备。需要指出的是，台湾地区的科研不端行为进入刑事诉讼的比例非常高，也即科研不端行为在一定程度上已经被纳入犯罪范畴，当科研不端行为严重侵害公众权利和社会公益时，科研人员的权利需要受到极大限制。另外一个入刑较多的类别是提及医学、医事伦理关键词的判例，与大陆基本以民事诉讼为主不同，台湾地区医事领域的行政和刑事诉讼很多，这一领域主要涉及公众生命权、身体权、健康权等权利。大陆的环境诉讼几乎没有提及环境伦理[①]，台湾地区的环境诉讼以行政诉讼为主，这体现了其较为发达的公益诉讼，毕竟环境问题所侵害的往往是集体权利而不仅仅是个人权利，确实应当将其上升到公益诉讼的层次才更能反映出对

---

① 以环境伦理为关键词对中国大陆的判例进行检索时没有发现一例，但事实上，2010年以来，中国大陆的环境诉讼是比较多的，特别是直接侵害公民具体权利的环境污染判例很多。

环境伦理的重视。台湾地区提及科技伦理关键词的判例最早出现于21世纪初，但发展迅速，保护的程序和内容都较为成熟。

中国大陆和台湾地区提及科技伦理关键词的判例趋势如图3-4所示，时间上，台湾地区提及科技伦理关键词的判例出现时间比大陆早十年，并且每年出现的判例数量基本呈上升趋势，直到2015年才开始有明显下降趋势。大陆提及科技伦理关键词的判例出现时间较晚，且每年出现的判例数量的波动幅度较大，在总体数量上也明显少于同年度的台湾地区，但2016年数量有明显上升。需要说明的是，无论是大陆还是台湾地区，2016年以来提及科技伦理关键词的判例数量都呈下降趋势，但这在很大程度上是由于数据收集的问题，因为检索时间是2017年9月30日，一方面，2017年有几个月的数据尚未被收集，另一方面，由于数据更新的延迟，部分已经结案的2016年和2017年的数据并未出现在判例数据库中。

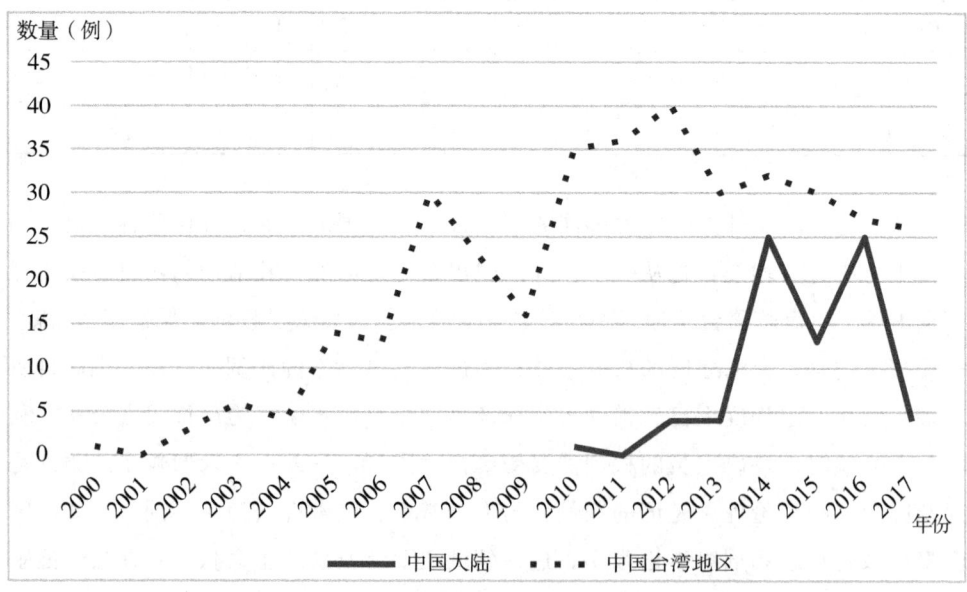

图3-4　中国大陆和台湾地区提及科技伦理关键词的判例趋势图

下面将对中国大陆和台湾地区的判例进行具体分析。选择的原则一是新，即以近年发生的为主；二是主题和性质尽量兼顾科研伦理、技术伦理、工程伦理、生命伦理、医学伦理和环境伦理多个主题，同时兼顾民事、行政和刑事三种性质，二审结案的尽量选择二审，因其一般是终审，对权利处置具有定性意义。

表3-9所列是中国大陆和台湾地区2013—2017年最新的提及科技伦理关键词的代表性判例,在对这些判例进行分析后,发现以下几个特点:第一,大陆提及科研伦理关键词的诉讼多发生在高校中,主要涉及学位授予和侵害名誉权等纠纷;台湾地区的学术伦理判例中,与知识产权中财产权相关的比例较高,也即台湾地区的科研活动经常直接涉及财产权益,发生场域也更为多样,既有高校也有企业。第二,无论是大陆还是台湾地区,医疗技术类判例最常提及技术伦理关键词。第三,在生命科技和医学科技的判例中,生命伦理和医学伦理的关键词经常出现,且医学伦理关键词有可能出现在生命科技判例中,而生命伦理关键词也会出现在医学科技判例中,但医学伦理关键词出现的频次比生命伦理高。生命科技如果不对当事人权益产生直接侵害,基本不会进入诉讼程序,实验室内的生命伦理问题很少引起公众关注。第四,环境科技判例以公益诉讼和行政处罚之后的相对人诉讼为主,这表明了社会公益在环境问题中的重要性,同时也表明了经济利益渗入环境问题的普遍性。第五,大陆的民事判例数量明显多于行政判例。

表3-9 中国大陆和台湾地区部分提及科技伦理关键词的判例统计表

(大陆数据更新至2018年)

地区	主题	判例	年份	性质
中国大陆	技术伦理	陈某甲、张某等与武汉大学中南医院、中南大学湘雅三医院医疗损害责任纠纷案	2013年	民事
	科研伦理	张继龙与晓克名誉权纠纷案	2018年	民事
		城户常雄与国家知识产权局专利复审委员会发明专利申请驳回复审行政纠纷案	2018年	行政
		北京大学与于艳茹撤销学位案	2017年	行政
		北京三面向版权代理有限公司与河南沸点网络科技有限公司、北京百度网讯科技有限公司侵害作品信息网络传播权纠纷案	2017年	民事
		上诉人董晟源与被上诉人沈阳航空航天大学不履行法定职责案	2017年	行政
		王蕊、河北师范大学汇华学院教育行政管理(教育)纠纷案	2017年	行政
		××会与舟山市妇幼保健院医疗服务合同纠纷案	2016年	民事

（续表）

地区	主题	判例	年份	性质
中国大陆	生命医学伦理	江铜集团东铜医院、何思琪医疗损害责任纠纷	2018年	民事
		武汉圣爱高新技术发展有限公司与国家食品药品监督管理总局不服行政复议决定案	2017年	行政
		范维国与中国医科大学附属盛京医院医疗损害责任纠纷案	2016年	民事
		高运志西医内科诊所与龙连生医疗损害责任纠纷案	2016年	民事
		邱建玉、王尚界等与粤北人民医院医疗损害责任纠纷案	2016年	民事
		龙连生与高运志西医内科诊所医疗损害责任纠纷案	2015年	民事
		张玉柏与成都市金牛区人民医院、四川省人民医院医疗损害责任纠纷案	2016年	民事
		吴翠琴、孙溧佑等与珠海市香洲区人民医院医疗损害责任纠纷案	2016年	民事
		张丽与香河县中医医院医疗损害责任纠纷案	2016年	民事
		周旭东上诉费佳萍饲养动物损害责任纠纷案	2016年	民事
中国台湾地区	技术伦理	甲乙丙丁与财团法人国泰综合医院损害赔偿纠纷案	2006年	民事
	工程伦理	林明辉声请具保停止羁押案	2017年	刑事
		简伊佐、倪鸿溟与台北市政府都市发展局建筑法等纠纷案	2013年	行政
	学术伦理	陈震武与台湾地区教育主管部门有关教育事务纠纷案	2017年	行政
		陈壬安人工生殖法案	2017年	刑事
		黄萍瑛与游淑珺侵害著作权有关财产权争议纠纷案	2015年	民事
		杨逢羿诈欺等纠纷案	2015年	刑事
		林育田与陈颢钧违反著作权法纠纷案	2015年	民事
		李国谭与台湾大学教师升等纠纷案	2017年	行政
	生命医学伦理	王桂良与台湾地区行政管理机构卫生署医师法纠纷案	2010年	行政
		林静芸违反药事法案	2011年	刑事
		梁峻豪与台北市政府药师法纠纷案	2017年	行政
		富邦人寿保险股份有限公司与财团法人私立高雄医学大学附设中和纪念医院请求侵权行为损害赔偿纠纷案	2017年	民事
		李思慧过失致死案	2015年	刑事

(续表)

地区	主题	判例	年份	性质
中国台湾地区	环境伦理	台湾地区经济主管部门工业局大园工业区服务中心与桃园市政府水污染防治法纠纷案	2016年	行政
		阿丹有限公司与屏东县政府毒性化学物质管理法纠纷案	2014年	行政

分析案由是为了解提及科技伦理关键词的判例中的权利和科技伦理的关系情况，从而为制度建议提供依据。统计案由时去除了申请回避、申请停止执行等程序性案由，根据案由出现频次进行了筛选，以3次以上（含3次）为选择标准，同时结合当前研究热点纳入了个别出现频次低于3次的案由。

表3-10　中国大陆提及科技伦理关键词的判例案由统计表（截至2018年）

关键词类别	案由	数量
科研伦理	授予学位相关	12
	著作权相关	8
	名誉权相关	27
	人格权相关	7
	聘用相关	3
技术伦理	医疗损害责任	2
生命、医学伦理	医疗损害责任	21
	医疗服务、设备合同	4
	知情同意	1
	卫生行政管理	3
	监管权、处置权	1

中国大陆提及科研伦理关键词的判例中，名誉权案由数量高居首位，主要是科研人员为维护自身名誉提起的诉讼。授予学位相关（主要是被撤销学位或不授予学位）的案由数量居第二位，这些判例是科研人员、学生的法律权利与高校行政权力（法律法规授予高校的学位授予权）交锋的体现。著作权等知识产权和宽泛的人格权诉讼不多，且著作权纠纷的判例主要涉及著作权中的人身权，鲜少涉

及财产权。提及生命、医学伦理和技术伦理关键词判例的案由主要是医疗损害责任事故，与上文的分析一致，公众关注生命、医学伦理问题主要是出于对自身人身权的重视。值得注意的是，统计范围内仅发现一例案由为知情同意的判例（虽然还有一些判例在裁判文书中提及了知情同意），而知情同意既是公众的知情权，也是生命伦理、医学伦理的重要原则。

表3-11　中国台湾地区提及科技伦理关键词的判例案由统计表（截至2017年）

关键词类别	性质	案由	数量	关键词类别	性质	案由	数量
学术伦理	行政	教师升等	28	生命、医学（事）伦理	行政	医师法	82
		有关教育事务	55			个人资料保护法	1
		退学	3			全民健康保护	12
		惩处	6			管制药品管理条例	1
		确认行政处分违法	5		民事	损害赔偿	24
		聘用相关	2			著作权等有关财产权益	1
		补助费	5			专利权等有关财产权益	1
	民事	损害赔偿	9		刑事	妨害性自主罪	3
		著作权等有关财产权益	4			业务过失致死	7
	刑事	诈欺	3			诈欺	9
		违反著作权	3			伪造文书	5
		妨害名誉	5	环境伦理	行政	空气污染防治	6
工程伦理	行政	有关惩戒事务	1			水污染防治	2
		建筑法	1			土壤及地下水污染	1
	民事	损害赔偿	2			噪声污染	1
	刑事	盗窃	1			环境影响评估	1

中国台湾地区提及学术伦理关键词的判例数量相对更多,行政诉讼方面与大陆类似,多数是科研人员提起的对自身处分不服的诉讼,这类诉讼所关注的权利也与大陆相近,只是比重不同,其中关注财产权的比重明显更大,体现了对知识产权的重视,但关注其他权利的比重小于大陆,反映出台湾地区在学术伦理问题中作出的剥夺学位等严厉处罚较少,也表明科研人员对自身人身权的重视度不够高。民事判例中反映出一个比较好的现象,即公众可以对科研人员违背学术伦理造成的损害提起赔偿,这一点将公众权利向前推进了实验室,有助于促使公众更多地关注科研伦理问题。民事方面和刑事方面的知识产权诉讼比较多,如违反著作权而引起的刑事诉讼就多达3起,台湾地区对于知识产权的保护力度可见一斑。知识产权的诉讼主要以著作权及其相关财产权为主,专利权几乎没有,反映出台湾地区可能在科技专利申请方面劲头不足。

中国台湾地区提及工程伦理关键词的判例很少,基本是直接的工程致害所引起的诉讼,且并不仅有针对个人的,也针对公司的,因此才有公司提起2项行政诉讼。提及生命、医学(事)伦理关键词的判例中,关于个人资料保护的案例有且仅有一起,反映出公众对个人隐私方面的重视不够,刑事诉讼较多,特别是侵犯人身权和生命权的判例如果达到严重程度一般都可能入刑,生命、医学(事)伦理关键词的判例中知识产权方面的诉讼集中在民事领域。提及环境伦理关键词的判例基本为行政诉讼,尤其以空气污染为最,其余如水污染、噪声污染等判例也提及了环境伦理。由于公益诉讼的推进,台湾地区对于环境伦理中社会公共利益的重视程度越来越高,而对于个人权利的保护则主要集中在其他科技领域,环境科技领域几乎没有,所以这一点相比于大陆,也难说是一个优点。

3.2.1.2　国外判例研究

在westlaw、lexis等法律数据库中以与法规检索相同的关键词进行检索,将搜索范围设置为美国联邦法院和欧盟法院,起始日期不设限,检索截止日期为2017年9月30日,检索到判例后主要用EXCEL软件进行统计分析,得出美国提及科技伦理关键词的判例趋势图(图3-5)和欧盟提及科技伦理关键词的判例统计表(表12)。

美国提及科技伦理关键词的判例最早可以追溯至1940年,但一直到20世纪60年代都是罕见的,随着美国对科技伦理的重视,特别是以《寂静的春天》发表为代表的科技伦理事件的爆发,科技活动判例中对于科技伦理关键词的提及逐渐增多。进入21世纪,提及科技伦理关键词的判例数量增加速度迅猛,直到2015年前后才趋于下降。

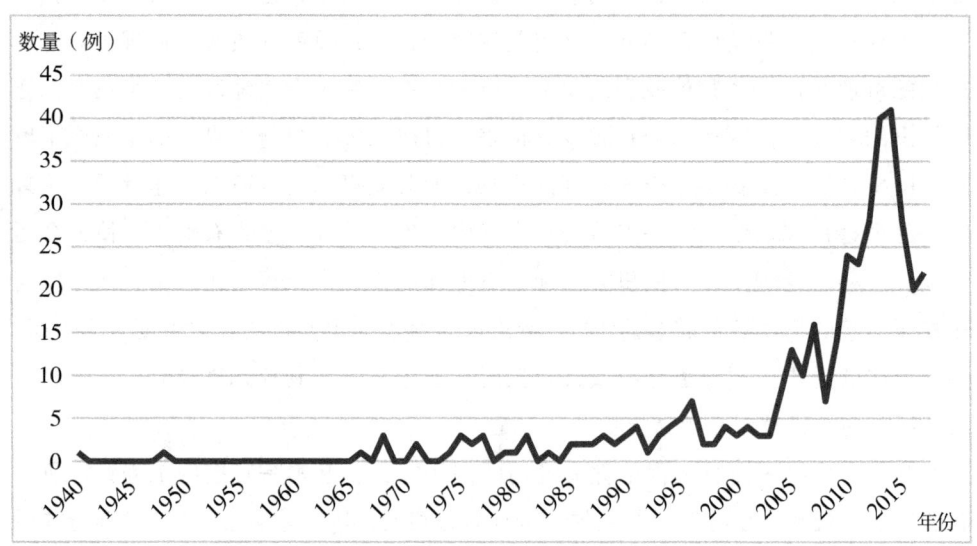

图 3-5　美国提及科技伦理关键词的判例趋势图

表 3-12　欧盟提及科技伦理关键词的判例统计表

医学							环境	生命
1977年	1979年	1981年	1986年	1989年	1994年	1999年	2005年	2014年
1	1	1	1	1	1	1	1	1

注：上述判例以审结登记日期为准。

欧盟提及科技伦理关键词的判例集中在医学伦理领域，和法规一样，最早同样可以追溯至欧洲共同体时期。由于欧盟各国的科技活动判例一般在各国国内解决，所以欧盟层面的科技活动判例较少，提及科技伦理关键词的判例相应也很少。21世纪以来，环境伦理和生命伦理问题在司法实践中逐渐得到重视。

美国提及科技伦理关键词的判例过多，故本书采取类似上文法规分析的方法，以科研伦理、工程伦理和生命伦理三个关键词为例对美国的判例进行进一步的统计分析，如表 3-13 所示。结果发现，提及工程伦理关键词的判例和提及工程伦理关键词的法规一样，数量较少，提及科研伦理关键词的判例则较多，而生命伦理关键词经常在申诉的判例中被提及。总体而言，科研伦理关键词出现在各种类型的诉讼中,且与法规中科研伦理关键词集中出现在生命伦理立法中不同,判例中的科研伦理关键词几乎分散在各科技领域。美国的法规和判例均对生命伦理和医学伦理作了一定区分,虽然涉及医学伦理关键词的判例更多,但生命伦理关键词的判例相较于我国和欧盟具有明显的数量优势,且其中不仅有对生命科研伦理问题进行事实定性的判例,还有一些对违背伦理的生命科技对公众和社会产生的权利侵害问题进行直接的裁判的判例。

表3-13 美国提及科技伦理关键词的部分判例统计表

关键词 年份	工程伦理		科研伦理				生命伦理	
	联邦地区法院判例	破产案	申诉	联邦地区法院判例	诉讼	破产案	申诉	联邦地区法院判例
1994年	1	—	—	1	—	—	—	—
1995年	—	—	—	—	—	—	—	1
1996年	—	—	—	2	—	—	—	1
2001年	—	—	—	2	—	—	—	—
2003年	1	—	—	—	—	—	—	—
2004年	—	—	—	—	—	—	1	—
2006年	1	—	—	—	—	—	—	2
2007年	—	—	—	3	—	—	1	1
2008年	—	—	—	1	—	—	—	—
2009年	—	—	—	2	—	—	—	3
2010年	—	—	—	4	—	—	—	5
2011年	1	—	—	5	—	1	—	1
2012年	1	—	2	5	—	—	6	1
2013年	—	—	1	8	1	—	5	4
2014年	1	—	1	8	—	—	5	1
2015年	—	—	1	10	—	—	4	—
2016年	1	—	3	4	—	—	—	3
2017年	—	1	—	7	—	—	1	—

按关键词对2010—2017年提及科技伦理关键词的判例进行分类，按年份摘选出以下判例作为精读文本（表3-14）。

表3-14 2010—2017年欧盟、美国部分提及科技伦理关键词的判例统计表

国家/地区	关键词	判例	年份
欧盟	生命伦理	国际干细胞公司诉专利总审计长案 C-364/13	2014年
美国	工程伦理	Jones 诉 Harley-Davidson 股份有限公司案，案件编号：2:14-cv-694-RWS-RSP，美国德克萨斯东区马歇尔地方法院，2016年	2016年
		WTE-S&S AG Enters 有限责任公司诉 GHD 股份有限公司，破产编号16 B 09913，第11章，抗辩编号16 A 00400，美国伊利诺伊州北区东部破产法院，2017年	2017年
	科研伦理	Mekuns 诉 Capella Educ 股份有限公司，编号15-3968，美国第三巡回上诉法院，联邦第655号	2016年
		Trana Discovery 股份有限公司诉 S.Research Inst.，编号5:13-CV-848-BO，美国西卡罗来纳州东区地方法院，2017年	2017年
		Li 诉 Aeterna Zentaris 股份有限公司，民事诉讼编号：3:14-v-7081（PGS）(TJB)，美国新泽西州地区法院，2016年	2016年
		S.S. 诉 Leatt 公司，案件编号：12 CV 483，美国俄亥俄州东北部地区法院，2013年	2013年
		Ass' for Molecular Pathology 诉美国专利及商标局，编号09 Civ. 4515（RWS），美国纽约南区地方法院，2010年	2010年
	生命伦理	得克萨斯州计划生育和预防性健康服务部门诉 Smith，第17-50282号，美国第五巡回上诉法院，2017年	2017年
		得克萨斯州计划生育外科健康服务部门诉 Abbott 公司，第13-51008号，美国第五巡回上诉法院，769 F.3d 330；2014年	2014年

表3-14所列举的欧盟、美国提及科技伦理关键词的判例与我国有很大区别，具体表现有：美国的科研活动不以高校为主要发生地，相反，公司和研究机构占很大比例，且以这二者为直接主体的诉讼更多，这与美国的科技社会化程度较高有一定关系；在美国联邦层面，提及科研伦理关键词的判例一般由联邦地区法院解决，很少有上升到更高层面法院的判例；提及工程伦理关键词的判例集中在以工业企业为主体的诉讼中，事实上对科研人员的处置较少，往往是对企业进行直接裁判；提及生命伦理关键词的判例经常会出现上诉情况，表中所列举的判例是

企业和国家专利机关人员之间的纠纷,除此之外,美国提及生命伦理关键词的判例也经常是健康服务中心与个人和企业之间的纠纷。欧盟比较近的一个提及生命伦理关键词的判例是干细胞的专利纠纷,实际涉及的也是知识产权纠纷,这表明生命伦理同样面临市场化的问题。精读后发现,上述所有判例涉及的权利除了个人的人身权、知识产权和科研权利外,还包括企业的经营权(由企业参与的多数诉讼会对企业的经营权产生直接影响)。表3-14中没有统计医学科技领域的判例,经过简单搜索发现,欧盟、美国医学科技领域提及科技伦理关键词的判例中,知情同意和隐私保护是高频词汇,这与我国也有很大不同。

3.2.2 判例启示与分析

判例的中心目的不是解决科技伦理问题,而是解决权利纷争和维护社会秩序,本书所选择的判例只是在裁判文书中提及科技伦理关键词,并且关键词主要出现在事实认定部分,即在裁判文书中认定某一科技行为违背了某种科技伦理,造成了权利损害的事实或者影响了社会正常秩序。判例对法律权利的保护和限制是明确的,所以从判例中能获得与从法规中获得的类似的对本研究有益的启示,即哪些科技伦理原则是重要的,其与哪些法律权利是相关的甚至直接对应的,从而为确定科技伦理评估标准的具体内容提供支撑。

我国大陆/内地的科技活动判例重视科研伦理和生命、医学伦理,经常在裁判文书中提及这些伦理问题,前者常出现在科研人员维护自身权利的判例中,后者则多出现在生命医学科技侵害当事人人身权的判例中。香港特别行政区、澳门特别行政区的判例一般仅出现医学伦理的关键词,主要对应的受影响的权利与内地此类判例类似。台湾地区提及科研伦理关键词的判例有时是刑事案件,其对科研不端行为的司法查处力度很大,而行政处罚力度一般。台湾环境科技的诉讼案件很多,其中非常重视社会公益等环境伦理问题,且此类判例对企业的经营权也会作出一定处置。大陆和台湾地区的与知识产权相关的判例中多出现科研伦理关键词,但二者的关注点不同,大陆更关注知识产权中的人身权利,而台湾地区对其中的财产权的关注更多。台湾地区公众还可以因为自身权利受损而直接对违背科研伦理的行为提起诉讼。对大陆和台湾地区的判例进行案由分析后发现两个比较突出的问题:一是有关部门对知情同意的重视度不够高;二是工程活动领域的判例只有在工程致害时才会提及工程伦理。

美国提及科技伦理关键词的判例非常多,但其中涉及工程伦理的较少,提及生命伦理关键词的判例往往会出现上诉情况,表明美国对于生命科技侵害公众和社会权利的问题的关注度较高。美国的科研伦理问题更多地发生在企业和研究机构中,提及工程伦理关键词的判例一般会对企业权利进行直接处置。提及生命伦理关键词的判例所涉及的诉争经常发生在企业、个人和国家机构之间。因为欧盟各成员国拥有独立的司法权,所以欧盟整体上提及科技伦理关键词的判例不多,但一个值得注意的现象是,知识产权问题会出现在提及生命伦理关键词的判例中。

基于上述分析,可以得出以下结论:不同领域的科技伦理问题一般会对应不同的法律权利。在科研伦理领域,科技伦理问题主要对应科研人员的名誉权、隐私权等人身权利和知识产权(科研自主权很少出现),以及公众的部分人格权。技术伦理往往对应公众的人格权和财产权。在工程伦理领域,科技伦理问题主要对应企业的财产权和经营权,以及公众的部分人身权。在环境伦理领域,科技伦理问题主要对应社会公益。在生命伦理领域,出现最多的是公众的人身权。公众可以因为自身权利受损而直接起诉违背科研伦理的行为;知识产权会出现在具体科技伦理领域,如生命伦理领域。具体科技领域伦理与科研伦理所对应的法律权利一致性很高。

3.3 比较分析

由于3.1和3.2中的资料来源基本属于法律制度(实践)范畴,所以如果要借鉴其中的一些有益经验,应当对所选国家的法律文化背景作比较分析。一个不争的事实是,中西方在法律文化上存在差异,美国和欧盟在法律文化上也存在不可忽视的差别,本书必须充分考虑这些差异和差别,进而对上述实证得出的结论进行不同程度的消化吸收或改变,使之符合本书的研究目的。本书在此将法系、法律渊源和法律体系作为法律文化的基本元素进行比较分析,然后对上述结论进行整合和借鉴。

3.3.1 法律文化的比较

所谓法系是指"具有某种共性或历史传统的法律的总称,也即根据这种共性或历史传统来划分法的类别"[118],是具有共性或法律传统的若干国家和地区的法律的总称。从根本上说,法系是不同法治文化的历史根源,是进行法律比较分析时不能绕过的门槛。法学界通常将法系划分为普通法系（又称大陆法系）和民法法系（又称英美法系）两种，一般意义上，美国法律属于普通法系（System of Common Law），而由于历史原因，我国法律在一定程度上接近于欧洲大陆的民法法系（Civil Law System），正如学者苏力所言："中国当代的司法制度就其直系血缘来说是欧陆法系的"[119]。这两种法系的区别一般包括：①法律渊源上的不同：民法法系是成文法系，法律渊源包括各类制定法，不包括判例法；普通法系法律渊源既包括制定法，也包括判例法，且后者在法律体系中占有相对重要的地位。②法律思维上的不同：民法法系是演绎型思维；而普通法系的法律思维总体上是归纳型的。③法律结构上的不同：民法法系惯于用法典对某一法律部门作统一系统的规定；普通法系习惯以单行法的形式对某类问题作专门规定。④诉讼程序上的不同：民法法系以法官为重心，主要采取纠问式；普通法系以当事人、律师为重心，主要采取诉辩式。⑤法律分类上的区别：民法法系分为公法和私法；普通法系分为普通法和衡平法。在实践中，两大法系处于不断的相互吸收、相互借鉴中，但两大法系在论证方法、法律渊源、审判模式、审判权、证据来源等方面的区别仍然存在。

不过，随着全球一体化和法治文化的互相影响，这些区别在现实情形中已经消解了很多：属于普通法系的美国法律事实上也制定了大量的成文法，而且成文法在审判中的重要性也日渐凸显；属于民法法系的国家的法律也并非不重视判例，有些判例也可被援引，作为判案的依据。作为国际组织的欧盟的法律由于受到前成员国英国的影响，事实上已经在很大程度上混合了普通法系和民法法系，因而在对比美国和欧盟的法治差异时其实不能简单地从法系本身出发进行比较，必须要深入法系内部，看两大法系之间尚存的比较重要的差异。归纳和演绎依然是民法法系和普通法系之间在法律思维上最重要的区别，美国在司法实践中基本采取归纳法，即以"遵循先例"为一个重要的逻辑起点，一般会在大量列举事实、法律和类似的判例的基础上，得出其中的共同点，然后将其转化为一种司法规则，应用于实际案件中。所以，美国的判案往往存在"链条式引用"（Chain Cite），判决书内容既多又广。由于归纳存在局限性，判决的逻辑会不断地聚焦和汇拢，以致判决书晦涩难懂。欧盟虽然也对判例加以考虑，但其成文法，以及成员国的成文法都可以作为判案的重要依据，由于立法本身被假定为前提，故其法治逻辑一般是演绎的，经常以三段论的形式出现于裁判文书中。

在法律渊源上，成文法是民法法系的主要渊源，包括宪法、法律、国际条约等。而在美国，判例则是主要的法律渊源，上级法院的判例对下级法院具有约束力（Binding Authority），其他法院的判例也有说服力（Persuasive Authority）。由于判例具有这种重要作用，美国的法官具备了"造法"的能力。并且判例还具有解释法律条文的能力，这种解释在判决书中大量存在。我国目前很少有这种情况，但是具有一定法律效力的司法解释在一定意义上是法官的经验总结，这也是和普通法系法律渊源进行"联通"的一个特别途径。

法律体系（Legal System）通常是指"由一国现行的全部法律规范按照不同的法律部门分类组合而形成的一个呈体系化的有机联系的统一整体"。[120] 就美国而言，其成文法经过近百年的发展已经相当成熟，但是并没有形成一个如同民法法系成文法那般严密的结构，并且在联邦制下，联邦和各州均有不同的法律体系，其复杂程度难以尽表，所以本书仅选择了联邦法规和判例作为主要素材。欧盟不是一个现代意义上的国家，其法律体系如果仅从欧盟自身看，早前多由条约和协定组成，后期制定了一定数量的成文法，目前也初步形成体系。我国的法律体系比较完整，一般可划分为宪法及其相关法、行政法、民商法、刑法、经济法、诉讼法及非诉程序法等法律部门。

上述分析为本书的整合和借鉴提供了一个基本的思路：从立法层面来看，成文法和非成文法的差异在当前的法系之间已经慢慢走向消解，至少从本书选择的美国和欧盟来看，二者和我国在这方面的差异并不明显，所以借鉴时的障碍较小，但由于美国和欧盟均未形成严密的法律体系，所以这种借鉴和整合应当是抽离的，即是在总结二者经验的基础上进行点状的（而不可能是线状的和面状的）借鉴，当然由于国情的差异，应当以整合作为借鉴的一个前提。从司法层面而言，两种法系最大的区别在于审判的逻辑，即归纳和演绎的区别，这种区别直接决定了对判例的整合和借鉴只能从判案的结果出发，而不能从过程和源头着手，故而，与本书的研究目的一致，仅在于发现过程中所尊重的伦理原则，然后关注结果中所处置的法律权利即可。

3.3.2 整合借鉴的方法

整合与借鉴是一个本土化的过程，本节中的本土化与法律移植具有一定的共性。20世纪80年代，我国兴起了对法律移植的讨论[121]，所谓法律移植是指"特定国家（或地区）的某种法律规则或制度移植到其他国家（或地区）"[122]。法律可以移植的原因在于"法律在反映一定的统治阶级意志的同时，还具有一些超越时间和空间，超越种族、宗教信仰和文化背景差异的共同价值，这就是法律之可以被移植的哲学基础"[123]。事实上，法律移植的历史很长，"我们已经在遥远的古代发现了法律的移植，并且很可能在当时这种移植并不少见"[124]。就我国而言，对其他国家法律的移植主要出现在现代，"现代中国法律制度的概念分类、结构、司法机构设置乃至法律教育模式等均是从西方学来或自日本'转口'而来"[125]。由于日本移植了法国和德国的法律，故我国的大陆法系渊源由此而来。"中国移植外国法律的时间既长，反复又大，已经有了一个与本国的国情相磨合的历程，许多不适合中国国情的外国法律，实际上已经被淘汰，保留下来、作为中国近现代法律的基干的成分，既合乎中国国情，又是人类所创造的法律文化中的精华部分"[121]，这样看来，我国当前的法律已经自成体系，其中既有古代中华法律的精华，又有西方法律文化的有益养分和与时俱进的国情痕迹。

但由于法律的地域性——"法律就是地方性知识；地方在此处不只是指空间、时间、阶级和各种问题，而且也指特色（accent），即把对所发生的事件的本地认识与对可能发生的事件的本地想象联系在一起"[126]，所以要实现完全的法律移植既不现实也不可能，正如西方启蒙思想家孟德斯鸠所说："为某一国人民而制定的法律，应当是非常适合该国的人民的，所以，一个国家的法律竟能适合另一个国家的话，那只是非常凑巧的事"[86]。我国也有学者表示，"中国有久远的相对独立的发展史，从今天中国社会的变迁来看，已经很不完善，甚至过时了，但它毕竟在中国人的生活中起过并在一定的程度上仍然起着作用，它就是人们生活的一部分，保证着他们预期的确立和实现，使他们的生活获得意义。这不是仅仅从一套书本上得来的、外来的、合理化的法条所能替代的"[127]。因而整合和借鉴中的整合是无法忽视的动词，在科技伦理评估中，不能仅仅借鉴国外的法律实践，还要善于整合，将其中的法律权利和伦理原则的关系改造成适于我国科技伦理评估的工具。本书将在下一章建构科技伦理评估框架的同时进行整合和借鉴。

3.4 实践经验

一个不容忽视的事实是，整合和借鉴必须重视国情，而在科技伦理评估框架中，最重要的国情无非四点：社会主流价值观、科技法治现状、科研组织环境和伦理问题特征，这些国情同时也是科技伦理评估框架的影响因素。本书对这四个国情因素的总结并非空穴来风，在本章所搜集的立法资料和司法资料中，可以明显看到两条主线：在立法方面，虽然总的伦理原则没有发生大的变化，但国内外还是有细微区别，即对于不同原则的重视程度在立法目的中体现不同，这显然反映了一国的社会主流价值观不同。在所有的司法判例中，无论其法律思维是演绎还是归纳，在提及科技伦理时，一般都会关注其中伦理问题的特征。除此之外，本书的研究以伦理治理为主线，其中包括了法律的处置，所以需要适当考虑一国的科技法治现状。科研组织的环境对组织中科研人员的伦理意识有很大影响，特别是组织中伦理文化的氛围往往对科研人员进行科技活动时是否会考虑伦理问题具有规定性的意义，且科研组织自身在科技伦理评估中也需承担一定的伦理责任。所以，这四点是整合和借鉴时需要关注的国情因素，也是建立科技伦理评估框架必须注意的影响因素。

虽然各国实践中鲜有直接关于科技伦理评估的法规和判例，使得制度考察只能从科技伦理本身入手，但本节的考察结果表明这一路径不但是可行的，也是有用的，科技伦理法规和提及科技伦理关键词的判例中有许多有益的实践经验可为科技伦理评估所用，特别是对评估标准的内容确定非常有启发。本书致力于围绕特定法律权利和"显见"科技伦理原则组成的评估标准构建一个以伦理治理为主线的科技伦理评估框架，本章的内容基于制度实践（治理）展开研究，因而与伦理治理具有内在一致性，而制度实践中体现出的受推崇的伦理原则及被限制和保护的法律权利均是本书评估标准的主要参考。

本章得出的具体实践经验有：根据美国的经验，具体科技领域的伦理问题确实可以更多地向科研伦理聚焦；根据欧盟和美国的经验，公众知情权应当被纳入评估标准；根据欧盟和美国的经验，保护隐私可以作为一项独立的伦理原则，直接与隐私权相对应；欧盟对于新兴科技伦理统一化的规定为本书构建统一的科技伦理评估框架提供了实践支撑；根据美国和我国台湾地区的经验，企业在工程和技术伦理中占据重要地位，要关注企业的经营权；根据欧盟和我国台湾地区的经验，无论是在科研伦理还是在具体领域的科技伦理中，知识产权中的财产权都需要得到足够重视；根据我国台湾地区的经验，应当加强对社会公益的保护，特别是在环境科技伦理中；我国台湾地区将公众权利受损问题推进到了实验室中，赋予公众因违背科研伦理的行为而受到损害后的诉讼权利。各国的制度实践都表明，一个科技伦理原则往往会牵涉多项权利，公众非常重视自身人身权，在欧盟、美国和中国香港特别行政区、澳门特别行政区，公众对财产权的重视程度也很高，科研人员非常重视自身的名誉权，而中国内地科研人员对于知识产权中的财产权重视不足，应该加强此方面权利的保护。此外，各国对科研自主权都有所忽视，本书在此提出要加强对科研自主权的保护；工程伦理问题虽然是热门的研究领域，但在制度实践中受到的重视不够，其对应的权利主体应当包括公众和企业；整合和借鉴时必须要考量社会主流价值观、科技法治现状、科研组织环境和伦理问题特征等国情因素，可将这四个国情因素融入评估框架，以使框架具有本土化的特征。

根据上述实践经验，在整合与借鉴的思想指导下，总结出为本书评估标准所用的主要的法律权利，包括名誉权、知情权、隐私权、生命权、健康权、身体权、科研自主权、财产权、经营权、知识产权等；主要的科技伦理原则包括保护隐私、公平、不伤害、公正和瑞斯尼克的十二原则等。法律权利的拥有者一般是公众、科研人员和企业、科研院所。伦理原则的约束对象是科研人员和科研组织，并且均存在于特定的科技活动中。此外，在制度实践中出现的主体包括科技行政主管部门（在我国，主要是科学技术部、科技厅及科技局等，有时也包括科学院、工程院等）、项目管理专业机构（如自然科学基金委等）、教育行政主管部门、高校、科研院所、企业、公众和司法机关等，前面四个主体在科技活动中拥有不同程度的行政权。

法律权利和科技伦理原则究竟如何组合构成评估标准，以及如何围绕评估标准构建科技伦理评估框架，将在下一章中具体阐述。

科技伦理评估框架的构建

本章在前文分析的基础上，尝试构建对科技活动进行伦理评估的框架。本章的所有分析都将围绕第2章和第3章得出的理论和实证结果展开。需要说明的是，本章的部分论述同样适用于整体上的科技评估，但本书的目的毕竟是构建科技伦理评估框架，所以本章论述均为这一目的服务，只是在过程中无法确保所有的论述都独立于整体的科技评估。

4.1 构建思路

科技伦理评估框架的构建思路应主要关注三个问题：框架构建的主线是什么？构建框架应该采用什么方法？框架的基本组成是什么？对这三个问题的分析将基于第2章和第3章的结论展开。

4.1.1 框架的构建方法

本书的构建方法是从一般到特殊的，"一般"不仅是指科技评估框架构建的一般方法，也指与本书研究思路不同的其他一般科技伦理评估框架的构建方法。"特殊"是本书中科技伦理评估框架的构建方法，其特殊性不仅体现在通过法律权利保护情况发现与之对应的"显见"科技伦理原则及二者相结合构成评估标准的过程中，同时也体现在以伦理治理为主线的构建逻辑上。

以伦理治理为框架的逻辑主线要弄清两个问题，即什么是以伦理治理为逻辑主线，以及为什么以伦理治理为逻辑主线。其中，第二个问题是重点。第一个问题可从字面上解释，所谓以伦理治理为逻辑主线指的是评估框架的拟定和实施均应考虑伦理治理的实效，即为伦理治理服务，将伦理治理的思想映射到评估的每一个步骤中。如第1章所述，本书的伦理治理综合了伦理约束和法律治理。

第二个问题的原因可以从两个方面进行分析。一是科技伦理评估在概念层面上是指运用规范伦理学的知识，以伦理评估的方法和标准对评估客体进行科学合理的评估。不论科技伦理评估本身需要用到什么样的方法和伦理原则，其最终的目的都必然落脚于评估本身，而评估的目的在于使科技的运转符合预期的目标（包括伦理目标和合理秩序），伦理评估的目的是将伦理评价投射到科技活动中，在对科技活动作出是否符合评估标准要求的判断后，伦理评估并未结束，其应当致力于使科技活动的运转进入预期目标的框架内,才能完成评估的使命。基于此,科技伦理评估应当对不符合评估标准的科技活动进行伦理治理。二是在实践中,现代科技活动首先面临着外部法治环境的约束,第3章的研究表明,中西方对于科技活动的治理基本已进入了法治的层面,从立法到司法,科技活动已无所遁形。在法治环境中,科技必须更加尊重法律权利,特别是公众和科研人员的法律权利,所以在科技评估中就应当保障这些法律权利,科技伦理评估属于科技评估,也不能例外。权利的保障需要科技评估发挥治理作用,而不仅仅是评价,因为治理内在地包含权利保护和权力规范运作的属性。

因此,伦理治理是科技伦理评估及其框架的逻辑主线,下面即在伦理治理的逻辑下探讨框架的具体构建方法。

西方当代关于科技伦理评估框架的构建方法与研究路径一致,也可分为两种,一种是设定评估标准(伦理原则)后,再根据特定科技领域的伦理特征,将伦理原则与评估实际相结合构建评估框架;另一种是先发现科技活动可能导致的伦理问题或存在的伦理隐患,然后以合适的伦理原则对评估标准进行框架式评估。这两种构建方法都比较微观,一般是针对某个特定的科技活动,如针对大数据、医疗影像等科技活动构建具体的伦理评估框架。

我国台湾地区科技伦理评估框架的构建方法相对简单,是对经典固有框架的直接移植和粗放改造,如上文提到的将安达信的七步骤法的第三步骤和第四步骤作简单调换改成适合科技领域的伦理评估框架。

直到今天,各类科技伦理评估框架基本没有跳出经典框架的构建方法范畴,即均以认知为进路,进行单线式推进。在朗尼根的认知理论指导下发展出了包括经验、理解、判断和决策的四步骤法,该四步骤法开创了主体认知的视角,自此之后的评估框架基本以主体视角构建。如瑞斯尼克对福克斯和迪马克六步骤法的阐释[102],再如西方学者在科技政策领域应用的HTA评估框架等[60,44]。

事实上,评估不应当是主体视角的,主体视角下的评估必然会走入主体认知路径,但更大的问题在于主体视角会使评估权被滥用,有违正当程序要求,并极有可能导致忽视评估对象的权利,乃至侵害评估对象的权利。本书提出的"以伦理治理为逻辑主线"是解决这一问题的可行办法,当将伦理治理作为评估框架的主线后,评估就会从简单地盯着科研组织和科研人员,转为同时盯向评估客体和评估主体,从而视角也相应地转变为第三方视角,即不仅要关注评估客体有无科技伦理问题，还要关注评估主体评估权的行使是否正当。评估主体应当服从伦理治理的目的，而伦理治理必然应当在保证评估权有效行使的同时对评估权进行合法的规制，从而使评估权不被滥用，既保障评估主体有效行使评估权，又保障评估对象的合法权利。

在伦理治理逻辑下构建评估框架，应当将权利与权力的制衡贯穿于框架的全部。评估主体享有评估权，评估对象享有权利，评估标准需要考虑公众、科研人员等的法律权利和社会的公共利益，伦理治理逻辑下的评估要特别处理好权力和权利之间的关系。

基于规范权力运行和保护权利的简单逻辑，本书为评估中的权—权关系绘制出示意图（图4-1）。

图4-1　评估中的权—权关系示意图

基于图4-1，对伦理治理逻辑下的框架组成各要素的意义及各自的权—权关系内涵进行简要论述。

在权—权关系下确定评估主体的意义在于规范主体的权力行使及在利益相关时启动回避。评估的目的是促进科技良性发展，使科技造福社会，这一目的与科技本身的发展目的和公众的期待一致，可以说，评估存在的意义也在于此。权力源于权利，评估权也不例外，由于评估与公众期待和社会需要一致，所以公众才会将权力赋予评估主体，也即评估主体的权力源于公众的赋予和公共利益的需要，这决定了评估主体权力的行使必须以保护权利为前提。为了避免权力滥用，当评估客体或对象与评估主体有利益关系时，评估主体必须回避以保障权利。

权—权关系下确定评估客体的意义是保护客体背后的人的权利。评估客体是科技活动而非科技成果，科技成果只能是评估的所指之一。评估要同时关注科技活动中的人和事（行为），即除了确定客体外，还应当将客体背后的人和其科技行为纳入评估视野，而对行为进行治理符合作为行政权的评估权行使的一般形态，对事不对人（关注人而不是针对人）的运行方式能够有效保护评估客体背后的人的权利。

评估标准以伦理治理为逻辑进行确定，即在伦理治理的目的下，通过法律权利（包括科研人员和公众被法律保护的权利）的保护情况选定"显见"的科技伦理原则，并将这些伦理原则与对应的法律权利相结合。将法律权利纳入评估标准直接体现了评估主体对权利的重视和规范权力行使的决心。

伦理治理作为评估框架主线的主要表现形式是作出决定、执行决定及在此过程中的程序遵循都要以治理为指导思想，评估程序是体现伦理治理主线价值的载体。评估程序中的权—权关系体现于区分在不同事件或同一事件的不同时间点上评估权行使的步骤和方法。

在权—权关系下，伦理治理既属于评估框架又指导评估框架，治理的是评估客体，但最终后果主要由评估对象承担，评估对象包括科研人员和科研组织。评估过程中对评估对象的权利保护会反作用于评估主体，制约和规范着评估主体评估权的行使。

4.1.2　框架的基本组成

简单而言，评估是主体依据一定的标准对客体进行评价，这里包含四个重要的元素，即评估主体、评估客体、评估标准和评估程序。但根据实践，特别是制度实践来看，评估的基本框架应当更加丰满，除了伦理治理作为框架的主线应当贯穿整个评估程序之外，还应当关注评估对象的权利。结合第3章关于国情因素的分析，至此构建科技伦理评估框架的基本思路已经清晰，下文将对框架的组成作出阐述。

评估框架应在第三方视角下运行，评估的主体、客体均应被纳入框架，而程序将不仅体现于步骤和方法中，其更应当贯穿评估的全部，将框架的主要元素串联起来，伦理治理作为实现评估目的的关键所在，也是评估框架的主要内容，承载伦理治理的载体是贯穿评估始终的评估程序。标准是评估框架的核心，为了确定"显见"的伦理原则，同时也为了更好地实现伦理治理，需要在标准中加入法律权利的内容，同时关注法律权利和伦理原则也是目前各国在科技伦理制度实践中的基本态度。因此，将法律权利渗入标准并与伦理原则结合不但符合本书的研究目的，而且也与制度实践一致。权利是法律的基本内容，在立法中，主体在行动时必须考虑客体的权利，但评估客体的权利是以评估对象为载体的，所以要关注评估对象的权利，评估对象的权利会和公众的法律权利发生关联和冲突，所以在评估时也需要考虑公众权利，主体自身评估权的行使也应当在法律和伦理的框架内进行，否则可能要承担法律责任。此外，在科技伦理评估框架的整合借鉴过程中必须要关注的国情因素包括科技法治现状、社会主流价值观、伦理问题特征和科研组织环境等，这四个因素也应被纳入评估框架。

鉴此，将评估框架各组成元素组合，绘制出示意图（图4-2）。

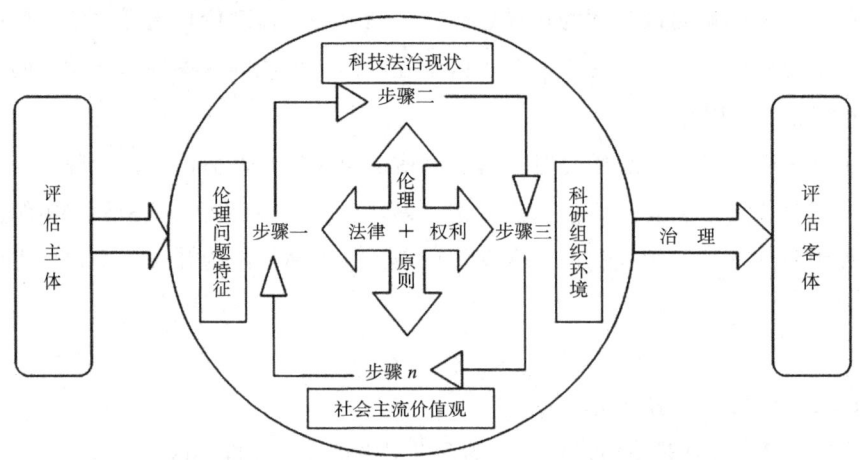

图4-2　科技伦理评估框架各元素组合示意图

图4-2基本以框架的四大主要元素——主体、客体、标准和程序进行描绘，它是一个初步的框架，伦理治理体现于评估程序中，对评估对象的权利保护体现于评估标准中。因而框架的基本组成其实是伦理治理逻辑下的以评估标准为核心的包含评估主体、评估客体和评估程序的有序组合，且其中关注评估对象的权利和必要的国情因素。

下面进一步阐释评估框架各基本组成元素的具体含义。

主体、客体、标准和程序是框架的基本组成元素，且都服务于框架的伦理治理目的。这些组成元素都应当有科学恰当的内涵。

就主体而言，本书提出对评估主体的范围予以扩大。我国目前关于科技评估的规定集中体现于科技部制定的《科技评估规定（试行）》中，科技评估的主体主要是各级科技行政主管部门、项目管理专业机构和高校及科研院所，这一规定基本与国际惯例相同。但由于科技活动必须同时顾及科研人员权利和公众权利，科研人员和公众两个权利主体需要积极维护自己的权利,而进入评估主体行列最能确保自身权利不受侵犯,科研人员所组成的科学共同体及其常设形态作为评估主体有助于评估的专业化,公众作为评估主体则有助于使评估活动得到最大范围的监督。在科技伦理制度实践中,各国的科技评估主体的范围已经有所扩大。

就客体而言,评估客体显然是科技活动本身,而不是科研人员,也不是科技成果。科技成果可能是评估的所指,但不是客体,原因有二:一是科技活动可能产生科技成果,也可能不产生科技成果,并且不产生科技成果并不代表科技活动本身一定有问题,由于科学的不确定性,这种情况时有发生;二是评估科技成果虽然可以使评估量化,但评估所针对的和处理的却应该是可能会产生科技成果的科技活动,在科技伦理评估中更是如此,因为评估一项成果是否是合乎伦理已经属于"迟到的正义",对其进行处理也仅限于不使用或不应用,这显然不能涵盖科技活动伦理评估的治理之意。在伦理评估中,主要应关注科技活动是否存在伦理问题,是否存在侵害公众、社会和科研人员权利的问题,而不应将视角投向科技活动的成果,否则就难以达到防治的效果。

就标准而言,本书第2章经过详细论证提出根据对法律权利的保护情况来选定"显见"的科技伦理原则,并将特定法律权利和科技伦理原则结合作为科技伦理评估的标准。评估标准是科技评估的核心,在科技伦理评估中也同样是。由于科技活动已不是一种单纯的自主行为,其在现实语境下已是一种国家治理领域下的受监督的自主活动,故而科技评估主体必须重视其中的法律权利,否则会产生两个不利后果:一是治理权的滥用,科研人员的权利得不到保障;二是科技活动偏离方向,损害公众和社会的权利。但通过法律权利来选定"显见"科技伦理原则不应仅凭主观判断,而应当结合实践,本书第3章的主要任务就在于此。选定的"显见"伦理原则要与对应的法律权利相结合,否则就不能在标准中固定"显见"伦理原则,也不能明确体现权利保护的重要性。

程序是评估得以运行的轨道。出于保护权利和规范权力的目的,科技伦理评估应当遵循正当程序(Due Process)原则①,该原则要求:"公民的权利义务将因为决定而受到影响时,在决定之前必须给予他知情和申辩的机会和权利"[120]。在

---

① 又称正当法律程序(Due Process of Law)、正当法律手续(Due Course of Law)等,源自英国的"自然公正"原则,现代意义上的本源在美国宪法的第5条和第14条修正案中。

具体维度上，程序主要包括方法和步骤两个内涵，也即评估的方法和步骤是程序的主要内容。科技伦理评估有不同于一般评估和一般科技评估的自洽方法，至于步骤则大同小异，基本沿着查清科技活动存在的问题、适用评估标准、作出判断、提出建议和作出处理的路径进行。

为使科技伦理评估框架符合我国实际，必须要考虑国情因素。国情问题其实是一个容易被泛化的问题，为了对其进行聚焦，第3章的实证分析很有必要。根据分析，本书提出了四个需要关注的国情因素：伦理问题特征、科技法治现状、科研组织环境和社会主流价值观。

伦理问题特征不是伦理原则本身，其属于外部影响范畴。科技活动中的伦理问题很多，不同领域的科技涉及不同的伦理问题，为了将这些伦理问题集中到科技评估中，必须发现人们对伦理问题的理解。而在不同的国情下，人们对伦理问题的理解各有不同，有的国家认为某些问题属于伦理问题，有的国家未必这么认为，有的国家认为某些问题是很严重的伦理问题，有的国家可能觉得这些问题没什么大不了，所以应当结合本国实际对伦理问题特征进行分析。科技伦理评估所要关注的伦理问题特征是科技伦理评估的首要国情因素，因其决定了治理的方向。

本书以治理为评估框架的逻辑主线，并将治理定义为宽泛的伦理治理，其中内在地包含着法治的含义，所以科技法治不容忽视。科技在法治环境中运行，法治必然对科技产生制动力。科技法治是一个特定概念，特指科技领域的法律治理方略和活动，从各国的制度实践来看，法治已经越来越成为科技伦理的主要影响因素。同时，由于评估本身是法治行为，法治行为的实现必须依赖一国的法治状况，所以这是一个必须要考虑的国情因素，如果法治环境差，科技伦理评估中的权利保障便会成为问题。从我国的实际来看，对科技伦理问题进行立法治理日渐成主流，并且判例中也开始关注科技伦理问题。

科技活动一般是在科研组织中进行的，组织中的实验室、教室、工作室等都是进行科技活动具体的场所。科研组织的氛围好坏对科技活动能否可持续开展有重要影响。科研组织对伦理问题的关注度、对权利的重视程度的高低直接决定了具体科技活动能否规范运作。由于科技活动的直接行为主体是科研人员，在大科学的背景下，科研人员一般都生存于大大小小的科研组织中，故科研组织的环境会对科研人员的科研行为产生极大影响，包括科研制度会直接规制科研人员的行为，科研文化氛围会对科研人员产生潜移默化的影响。科研人员权利能否得到保障也与科研组织环境的优劣有很大关联。

虽然科技是没有国界的，但科学必定会受到特定国家和社会的影响，在现代国家重视科技发展的现实背景下更是如此。国家与社会的影响除了显性的法规和政策外，就是隐性的文化，尤其是价值观。科技活动是否符合社会主流价值观是科技伦理评估必须考量的问题，其会直接影响评估所作出的判断和治理的实现，在我国特别重视社会主义核心价值观的背景下，尤是如此。同时，社会公众的法律权利意识与其对科技伦理的重视之间的结合往往借助于其价值观，而社会主流价值观对个人价值观的形成具有重要影响，因而社会主流价值观是需要重点考虑的国情因素。

在基于框架基本组成构建框架时，需要特别注意以下几个问题：提出扩大评估主体的范围并不难，难的是如何厘清多种主体之间的相互关系并有效实施评估行动；科技活动相比于科技成果难以量化，评估时应当如何进行判断是一个难题；法律权利和科技伦理原则之间怎样结合为评估标准是关键性的难题；程序是怎样正当的，步骤又是如何确定的；等等。为解决这些难题，本书在下文构建评估框架时将会结合实际进一步对框架的四个基本组成元素进行分析。

4.2 评估主体和评估客体

评估主体和评估客体是科技伦理评估的两端，确定此二者的内涵对于固定科技伦理评估框架具有规定性意义。本节将明确框架中的评估主体是谁，其应当如何行动，以及确定评估客体是什么，其与评估对象之间的关系如何。

4.2.1 评估主体的确立

本书确定的科技伦理评估始于授权，通过规范评估主体权力行使和保护评估对象、公众权利的方式，将选定的"显见"伦理原则和对应（相关）的法律权利相结合作为评估标准对评估客体进行评估，并最终实现伦理治理。因而，评估框架的起点在于评估主体及其权力行使。

本书根据制度实践确定了我国5个科技伦理评估的评估主体，即科技行政主管部门（采取广义，包括教育行政主管部门、中国科学院、中国工程院，有时也包括国家自然科学基金委员会等项目管理专业机构)、科研组织(包括科研院所和高校等)、专业学会①(代表科研人员的专业组合)、公众和司法机关。实施行政管理是政府的固有法定职权,行政机关一经依法成立,行政职权即随之形成,因而科技行政主管部门(不包括国家自然科学基金委员会)属于职权主体,而授权主体则必须有法律法规的授权[128]。因此,虽然科技行政主管部门的权力源于公民,但其是职权主体的性质不变。国家自然科学基金委员会属于授权主体范畴,其享有的权力源于相关法规的授权,即《国家自然科学基金条例》,科研组织有时也属于授权主体,权力源于《中华人民共和国学位条例》等法规。行政机关委托的组织,以委托机关的名义行使职权,由委托机关承担责任,大多数情况下,科研组织和专业学会属于这一范畴,前者的评估权经行政机关委托(委托的依据包括《科技评估工作规定(试行)》《高等学校预防与处理学术不端行为办法》等)而享有,后者一般也不享有行政权,但也可经科技行政主管部门等行政机关委托而行使评估行政权。本书将公众行使的评估权确定为一种监督权,由于我国目前并无专门的公众评估组织,且成立难度很大,故其评估权应当通过监督评估的方式来实现。本书虽然将司法机关也作为评估的主体之一,但由于其主要承担救济功能,实质上是一种救济主体,不享有作为行政权的评估权,而享有作为司法权的评估救济权。

不同的评估主体行使评估权时,适用的程序和方式各有不同。当评估主体是传统的科技行政主管部门时,遵循最强的限权程序——必须严格依照其法定的职权范围行使评估权,不但要依据科技评估相关法规,还要符合其本身的职权要求。由于科技行政主管部门在行使评估权的主体中的地位较其他主体更高,所以其应当接受更严格的监督,首要的就是接受授权的来源——公众的监督,其应当根据评估事项与公众的关系、对公众权利影响的程度在不同的范围内向公众公开评估情况,接受公众监督质询。尤为关键的是,科技行政主管部门要重视公众的举报权利,根据公众的举报决定是否启动评估程序。

当评估主体是一般科研组织时,由于其行政权源于法律法规的授权,因而必须在授权的限定范围内行使,其自由裁量权受到一定限制,且要接受科技行政主

---

① 本书将专业学会作为科研人员自主评估的主要载体,理由是:科研人员是科研组织中的被管理者,其很难脱离组织进行自主评估;专业学会一般是自治性学术组织,其天然具有保护成员权利的性质,也拥有一定的科技活动监督权。

管部门的指导和专业学会、公众的监督。当在评估过程中发现问题的责任主体已经超越了特定的研究人员，而与科研组织自身相关时，其应当及时移交评估权，避免出现"自己做自己的法官"的情形。但这种移交不能完全依赖科研组织的自律，科技行政主管部门和其他监督方都应及时提出。

专业学会是科研人员所组成的科学共同体的常设形态，专业学会作为评估主体时，其行使评估权的范围限于学会的职权范围，一个简单的判断方法就是学会的评估权与其对于成员的管理权限基本一致和相互对应。一般情况下，学会并不直接行使评估权，除非问题发生在学会职权范围内，或者问题过于专业，因而得到行政机关的委托在特定事项中行使评估权。本书在制度考察中发现，科研人员往往通过诉讼自发争取自身权利，这显然不足以对抗公权力，并且制度中对科研人员的科研自主权关注很少，因而有必要通过专业学会来保护科研人员权利，所以专业学会在评估中还充当平衡角色，即对科技行政主管部门、科研组织的评估权予以监督，保护学会成员的合法权利。

公众作为评估主体有其特殊性，其无法以个人身份直接享有作为行政权的评估权，而常态化设置一个以公众为主体的评估组织又有其现实难度。鉴此，公众作为评估主体的主要权力就是监督，特别是监督科技行政主管部门的评估权，防止其不当行使权力，侵害公众权利，进而间接实现对科技活动本身进行伦理规制。为了保证这种监督权有效行使，应当允许公众以个人身份直接向评估主体提出监督建议。此外，像我国台湾地区那样允许公众直接起诉侵害自身权利的科研不端行为，既能促进公众关注科技伦理问题，又能提高公众参与科技伦理评估的积极性。

司法机关作为评估主体行使的主要是救济权，救济在评估中受损的权利，反过来对其他评估主体的评估权进行制约。由于救济权本质是司法权，所以司法机关能被称为评估主体关键在于：其行使的救济权可能会反向导致原有的评估结果无效，从而重新启动评估程序。在制度实践中，这种重新启动是事实存在的。

4.2.2 评估客体的定位

本书在制度考察中发现，立法和司法所针对的共同规制对象就是科技活动。评估客体是科技活动本身，一切科技活动都可以成为伦理评估的客体。在进行伦理评估时，评估主体事先并不知道一项科技活动是否违背伦理，即使是事前评估也不能采取"有罪推定"方式，所以所有科技活动都应当被纳入科技伦理评估客体范畴。科技活动本身是可以分类的，类似于科技和科技伦理的分类，如可以分为研究活动、技术活动和工程活动，又可以分为生命科技活动、医学科技活动、信息科技活动等。上文在考察制度实践时发现，西方国家更多地关注具体科技活动的研究属性，而对于技术活动和工程活动则通常关注其应用属性。据此，可以简单地将评估客体划分为科技研究活动和科技应用活动两种。

由于评估对象和评估客体之间存在易混淆性，有必要在这里作进一步的阐释。所有的评估都是围绕科技活动进行的，科技活动是评估的客体，但科技活动却不能成为评估的对象。在对科技活动进行伦理评估的背后，是对科研人员和科研组织的行为检视及在此基础上的奖励、认可或问责，也即评估的后果将由科研人员或科研组织直接承担，所以此二者才是伦理评估的对象。例如，针对一项违背伦理、侵害权利的科技活动，评估主体一般所能作出的处理只是停止该科技活动，这种停止显然不是完整意义上的治理，因为在评估过程中，科技活动往往已经告一段落，或本身就需要停止接受评估，并且停止科技活动的决定也指向评估对象，作为评估对象的科研组织和科研人员所要承担的责任远不止于停止科技活动，其可能会承担强制整顿、收回基金、撤销职位或学位及接受训诫教育、罚款等责任，所以评估对象与评估客体在责任承担上存在根本不同。

在治理活动中，一般将直接承担结果的一方认定为对象，而将治理的调查和评判对象称为客体，科技活动是评估的主要评判对象，科研人员和科研组织是责任承担方。虽然在评估过程中，也会涉及对科研人员和科研组织的评判，但这种评判一般在评判科技活动之后进行，且这种评判往往带有追责或奖励的性质，事实上也属于广义的结果承担（包括后果和好的结果）。

4.3 程序标准

从本书对科技伦理评估主体的定位出发，可以从原有的评估路径中拓展出另外三条路径，即从科技行政主管部门评估和科研组织评估拓展出专业学会自主评估、公众监督式评估和司法机关救济式评估，因而科技伦理评估共有五条评估路径。在构建评估框架时必须对这五条路径进行分解基础上的组合。从程序和标准这两个评估框架的重要组成出发，可以对这些路径进行科学的阐述。

4.3.1 评估程序的建立

步骤是程序的灵魂，一套完美的程序必然有科学合理的步骤。建立科技伦理评估框架的程序中，最重要的就是确定步骤，让评估主体能够沿着一条主线进行评估。以经典伦理框架——安达信七步评估法为例，其步骤是："事实是什么？""有什么道德问题？""有哪些解决方案？""有哪些主要关系人？""有什么道德上的限制？""有什么现实中的限制？""最后应该作什么决定？"这七个步骤几乎涵盖了所有的评估内容，但完整并不代表实用和科学，我国台湾地区学者就曾对该七步法作过调整，但并未从根本上改变步骤的内容。本书认为评估步骤应当根据评估框架本身来确定，框架的顺序是单向且不可逆转的，即评估主体用评估标准评估客体并治理客体存在的问题，即使主体的评估行为被救济主体（司法机关）否定，以致评估活动需要重新进行，评估步骤的顺序也不会发生改变。有鉴于此，第一个步骤应当是查清科技活动存在的伦理问题，第二个步骤是选择合适的标准，第三个步骤是进行评估，第四个步骤是对发现的问题进行伦理治理。这种步骤排列虽然简单，但更加实用，由于路径从主体分可分为五种，不同的主体拥有的评估能力各不相同，简单实用的步骤更加有效。

因为科技伦理评估涉及权力的规范运作，所以评估程序应当是正当程序。正当程序作为一个法学概念，起始于"自然公正"（Natural Justice，也作"自然正义"）。所谓"自然正义"最早可以推溯到自然法[129]，正式法意义上的自然公正原则起始于1215年的英国《自由大宪章》（*Freedom Charter*），内容大致包括两项最基本的程序规则：其一，任何人不能自己审理自己的或与自己有利害关系的案件（nemo judex in parte sua），即任何人不得做自己的法官；其二，任何一方的诉词都要被听取（audi alteram partem），即任何人都有为自己辩护或防卫的权利，特别是在受到公权力的不利影响（如行政处罚、刑事处罚或其他制裁）时，有获得告知、说明理由和提出申辩的权利。因而在科技伦理评估框架中，可以得到的启示大概有：科研人员不能成为单独的评估主体，其需要借助专业组织来实现自主评估，科研组织在一些情形下也不能以独立的评估主体身份出现，其必须在其他主体的监督和引导下完成评估；科研人员虽不是评估的客体，但作为评估的直接影响对象，其拥有面对评估权时的知情、申诉和辩护的权利。这一思路为程序穿上了正当的、法治的"外衣"。

故而，建立的评估程序可以总结为四步骤法和权利保护导向的正当程序。

4.3.2 评估标准的内容

作为评估框架的核心，科技伦理评估标准是评估主体进行评估的依据，也是评估客体规范运作的镜鉴，更是评估治理的主要依凭。本书基于"显见义务论"和通过法律权利的保护情况选定"显见"科技伦理原则的思路对科技伦理评估的标准进行了一定程度的创新。根据第2章、第3章和4.1的分析，在此将确定"显见"的伦理原则有哪些，并将其与相应法律权利相结合作为科技伦理评估的标准。本书将尝试结合理论和实践使科技伦理评估的评估标准能够适用于科学伦理、技术伦理和工程伦理评估，并可以适用于具体科技领域的伦理评估，且该标准具有一定的开放性，可以有限度地适应新产生的具体科技。在这一指导思想下，根据上文的制度考察的结论，确定评估标准的内容有以下几个要点：要通过实践中对法律权利的保护，来固定"显见"科技伦理原则，并使二者结合；要将具体科技领域伦理要求与科学伦理进行结合，使具体科技伦理和科学伦理选定的伦理原则一致；伦理原则不宜过细，否则会缺乏开放性，这同时也是与法律权利结合的一个切入点。

本书第2章中介绍的瑞斯尼克提出的科技伦理的十二原则基本贯穿了整个科技活动领域，从科研到应用面面俱到。本书第3章制度考察中指出各国实践中对伦理原则的创新是极少的，上述十二原则基本都在沿用，除了保护隐私已经基本被确认为是一项重要的科技伦理原则外，考察发现制度实践中关注的科技伦理原则还包括不伤害、自主、公平、公正、诚信等。这些原则由于在制度实践中同时与法律权利相对应而被选定为本书的"显见"科技伦理原则。

下面根据本书对科技伦理的分类对上述"显见"科技伦理原则作划分（表4-1）。

表4-1 "显见"科技伦理原则分类

科技伦理类别	伦理原则
科研伦理	诚实、合法、不伤害、审慎、尊重主体、自主、保护隐私、信誉
技术伦理	公正、效率、社会责任、自由、相互尊重
工程伦理	公平、公开、效益

需要说明的是，表4-1的划分是松散的，其实各项原则都在一定程度上适用于

所有三类科技伦理,如合法原则很显然是普适的,但从紧密度和重要度方面来看,表4-1的划分具有一定的合理性。此外,本书认为各项科技伦理原则从理论上而言是同等重要的,但在实践上是有主次的。由于不同的历史时代、不同的文化背景和不同的发生场合,对于各项伦理原则会有不同侧重,因而,在事实上很难给出一个令人信服的伦理原则间的排序,我们所应做的就是在具体的问题域中实行优先适用主义,即针对具体的科技活动,优先适用某一个或几个原则,同时根据伦理原则所结合的法律权利的重要性及其保护的迫切性进行适当的排序。

法律权利的在科技伦理制度实践中的保护情况是本书选定评估标准的一个重要工具,并且法律权利本身也是本书评估标准的一部分。本书第3章中发现了一些在各国制度实践中均非常重视的法律权利,按照评估中两个享有权利的重要主体——科研人员和公众进行分类,如表4-2所示。

表4-2 权利主体法律权利分类

主体	权 利
公众	生命权、健康权、身体权、人格尊严权、隐私权、监督权、财产权、知情权
科研人员	科研自主权、知识产权、名誉权、隐私权

表4-2列出的权利并不是权利主体的全部法律权利,却是最重要和最需要保护的,从各国立法和司法中看,大部分法规和判例都不外乎是对上述权利的保护和处置。此外,还有企业的经营权和社会公共利益等,公共利益主要体现在生态环境伦理领域中,大概分为生存权和可持续发展权两项。

列举出这些权利并不难,难的是如何将其和选定的"显见"科技伦理原则进行结合。首先进行理论分析:法律权利和道德权利的本质不同,"在人的权利方面,康德的任务是要为政治自由和平等奠定一个无条件的道德基础,或者说,是要启发人们意识到自己的权利,告诉他们立法的自由是主体服从的唯一基础,以便使他们获得自由与解放"[130],可以看出,这种从哲学层面阐发的讨论其实是将道德权利作为伦理的内容来看待,与法律权利完全不同。所以,法律权利和伦理原则之间的结合不能仅基于理论进行探讨,从伦理学和法学中难以找到结合二者的理论方法。

如果观照现实,从制度实践的角度来看,权利可以分为应有权利和实然权利两个层面，在应有权利层面上，道德权利和伦理原则之间的关系较为紧密，恰恰是法上的实然权利往往被忽视，而本书探讨的就是法上权利和伦理原则之间的结合。应有权利和实然权利涉及道德和法律的关系，因此本书借助法律和道德之间的关系进行分析，在第2章中，得出的一个浅显的结论是，被法律承认的道德规范会具有法上效力，同理，只有被转化为法律权利的道德权利才能成为固定"显见"科技伦理原则的权利。在第3章中，国外的一些科技伦理法规和提及科技伦理关键词的判例中存在在尊重伦理原则的基础上保护法律权利的情形，如对隐私权的保护显然是尊重隐私的表现。一般而言，一个伦理原则可能会对应多个法律权利，反之亦然，因为在实践中，个人所享有的法律权利和需要遵循的伦理原则都是多元和宽泛的。故本书提出将法律权利与伦理原则相结合建立科技伦理评估标准的具体操作方法就是将在制度实践中所尊重的伦理原则与相对应（或相关）的法律权利进行一对一、一对多、多对一、多对多的多元结合，而不是单一的结合。

在此对表4-2中的科研自主权和知情权进行特别阐述。在第3章科技伦理评估的制度考察中很少看到对科研自主权的保护实践，本书认为这是各国评估实践的一个巨大缺憾。我国的科研自主权根源于《中华人民共和国宪法》第四十七条，该条规定我国公民拥有进行科学研究的自由。在《中华人民共和国科技进步法》中，对科研人员的科研自主权的规定更为具体，其他诸如《中华人民共和国促进科技成果转化法》《深化科技体制改革实施方案》《国家创新驱动发展战略纲要》《国家中长期科技人才发展规划（2010—2020年）》《"十三五"国家科技人才发展规划》等法规和政策都对科研人员的科研自主权作了阐释，但在制度实践中却鲜有提及科研自主权。科研自主权是科研人员应当享有的权利，是科研人员开展一切科技活动的前提，是科研人员的"基本人权"。贯穿本书的一个中心思想是保护权利，包括保护科研人员的权利，并且因为科研人员是主要评估对象，在评估中保护其权利更符合法治的精神，因此，在科技伦理评估中保护科研人员在科技活动中最根本的权利——科研自主权非常必要。

知情权是知情同意的权利基础，也是知情同意的运行依据。在第3章中，我国大陆和台湾地区对于知情权的重视均有不足，而美国在制度实践中则相当重视公众的知情权，本书认为，要使知情同意落到实处，使科技发展更加尊重个人，在科技伦理评估中必须将知情权作为重要权利并予以保护。

4.4 构建框架

本节将详细论述科技伦理评估框架如何建成。根据4.1、4.2和4.3的分析，本书所确定的科技伦理评估框架已呼之欲出，为了构建结构完整、内容科学、目的明确的框架，本节将以评估标准为中心，以伦理治理为主线构建科技伦理评估框架。

4.3对评估标准中的"显见"科技伦理原则作了科研伦理、技术伦理和工程伦理三个类别的划分，又从公众权利和科研人员权利两个层面对法律权利作了划分。一般来说，公众权利较多地与技术活动和工程活动对应，较少与科研活动对应，虽然科研活动可能具有潜在的更大的对公众权利产生影响的可能，但由于其对公众权利的影响难以直接探察，公众也很少意识到损害自身权利的根源是科研活动，故而为了保证科研人员自主权，在科研活动中要更多地关注科研人员权利，但在科研活动严重和急迫地影响公众权利时，应当允许公众根据自己权利受损的事实直接起诉科研活动中违背伦理的行为主体，这一点在美国和我国台湾地区提及科研伦理关键词的判例中有所体现。科研人员在科研活动中的法律权利可以直接与具体科技领域的伦理原则进行结合，因为对于科研人员来说，其科研行为往往是在特定领域内进行的，并且其在进行科研时一般只能关注自己的科研行为，无法预判技术开发和工程应用的后果，在第3章科技伦理评估的制度考察中，发现具体科技伦理领域的相关法规和提及这些关键词的判例虽然经常指向实验室（科研人员），但在指向的同时已经将要求转化为科研伦理，而不是具体科技领域的技术伦理和工程伦理，要求科研人员承担的也通常是科研伦理责任。对于具体科技的应用则属于技术和工程活动范畴，但应用具体科技的活动不是具体科技活动本身，所以具体科技活动不能被认为是技术和工程活动。在应用中所导致的技术或工程伦理问题或侵害权利问题仅在可归因于具体科技活动时才会指向具体科技活动，从而启动对具体科技活动的二次伦理评估，虽然这种情况在制度实践中经常发生，但这种二次伦理评估与对具体科技活动的一次伦理评估并无本质差别，关注的仍然是具体科技活动的科研伦理问题，所以本书直接将具体科技活动认定为研究活动，与之相应，具体科技领域的科技伦理在本书中被限定于科研伦理范畴。应用具体科技的活动则可划归为技术活动和工程活动，相应地要遵循技术伦理和工程伦理。根据科研活动、技术活动和工程活动的三分法，并对应科研伦理、技术伦理和工程伦理的原则，结合相应的法律权利，确定科技伦理评估标准，如表4-3所示。

表4-3 科技伦理评估标准

标准	科研活动		技术活动		工程活动	
	对外	对内	对外	对内	对外	对内
法律权利	发展权、生存权、人格尊严权、公共利益监督权、隐私权、知情权	科研自主权、知识产权中人身权部分、名誉权、隐私权	公共利益、生命权、健康权、身体权、隐私权、财产权、经营权	科研自主权、知识产权中财产权部分	公共利益监督权、财产权	知识产权中财产权部分
伦理原则	诚信、合法、不伤害、审慎、尊重主体	自主、尊重主体	公平、效益、社会责任、自由、保护隐私	相互尊重	公平、公开、效益	效率
最终标准	不伤害：发展权、生存权 合法：公共利益 尊重主体：人格尊严权、知情权、隐私权 诚信、审慎：监督权	自主：科研自主权 尊重主体：知识产权中人身权、名誉权、隐私权	公平、社会责任：公共利益 公平、社会责任、自由：生命权、健康权、身体权 效益：财产权 社会责任、效益：经营权 保护隐私：隐私权	相互尊重：科研自主权、知识产权中财产权部分	公平、效益：公共利益 公开：监督权 效益：财产权（主要是物权）	效率：知识产权中财产权部分
	C1	C2	C3	C4	C5	C6

注：C1、C2、C3等为最终标准的简称，C意指结合（Combine）。对外和对内指的是法律权利和伦理原则的面向，如在科研活动中，监督权、发展权等是社会和公众享有的可以向评估客体主张的权利，科研自主权、名誉权等一般是评估客体背后的评估对象所享有的权利，也即前者面向科研活动外部，后者面向科研活动内部。伦理原则也是如此，科研活动中的诚信、合法等是外部对科研活动的要求，自主则是科研人员自己的要求。

在具体实施评估时，一般要制定指标体系以便于操作，上文指出评估标准是指标体系的制定依据，因此在制定科技伦理评估指标体系时应当遵循表4-3中的标准。表中的评估标准通过指标体系应用于评估活动的一般方式是：指标体系以标准为依据，每一个指标都应当能与表中的某项最终标准相对应，评估时先适用具体指标，发现问题后依据评估标准进行伦理治理。具体而言，即在保护相应的对内权利的前提下评估科研、技术和工程活动，如发现有不符指标的情形，则根据实际情况和指标背后的评估标准判断违背的是对内的还是对外的伦理原则：如果是对内的，则限制其对对内权利进行追责；如果是对外的，则要关注所对应的对外权利，根据对外权利受损情况追究客体及背后评估对象的相应责任，追究责任时不能放弃对对内权利的保障，但可根据需要在一定程度上限制对内权利。可以看出，评估标准主要体现在伦理治理中，而评估本身（判断和评价）则主要通过依据评估标准制定的指标体系开展。

需要特别说明的是，上述原则和权利的划分不是绝对的，在科研活动、技术活动和工程活动中，在对外对内两个面向上，有些法律权利和伦理原则是交叉的。但在评估实践中，表4-3具有重要的参考意义，表中所列举的权利和原则及二者之间的结合是根据制度实践和理论分析得出的，应该说，基本上代表了评估标准应然和实然两个层面的内容，具有合理性。

作为评估客体的科技活动可以简单分为两种，一是研究活动，二是应用活动，技术活动和工程活动都属于应用活动。本书所关注的四大具体科技领域加上科研活动的共性特征总共为五支，均与表4-3中的科研活动评估标准相对应，而技术和工程所属的应用活动则对应各自的最终评估标准。具体如图4-3所示。

五大评估主体行使不同的"评估权"，科技行政主管部门享有完整的评估行政权，科研组织享有法律法规授权的评估行政权，专业学会则行使行政机关委托的评估行政权，公众享有的是评估监督权，司法机关拥有的是评估救济权。由于权力的不同，五大主体之间的关系和地位也各有区别。伦理治理会直接针对评估对象作出，评估对象包括科研人员和科研组织两种，出于"自己不能担任自己的法官"的正当程序原则，对科研组织的治理不能由科研组织作出，同样，对科研人员的治理一般也不应由专业学会作出，但特殊情况例外，如当科研人员在参与学会的学术活动时违反了"显见"的科技伦理原则，其行为超越了自身权利的界限并具有明显影响他人权利的可能时，学会可以在职权范围内作出一定的处置，但也需要及时向科

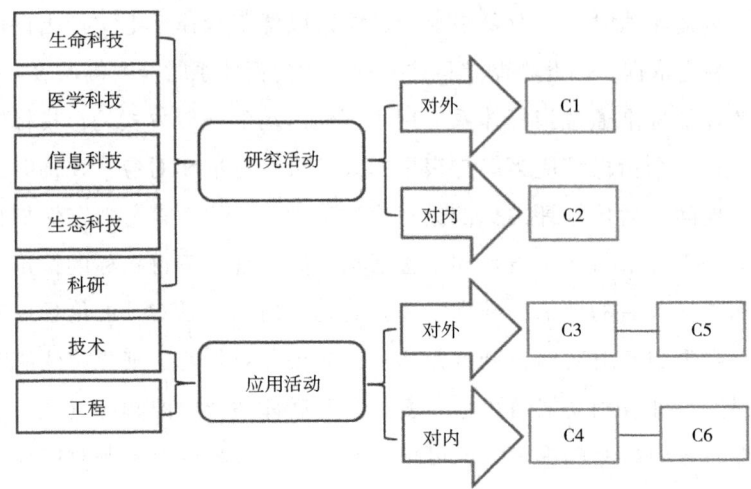

图 4-3　科技伦理评估内外标准示意图

研组织或科技行政主管部门进行备案或报告。伦理治理的内容分为两个层面，一是伦理上的教育、约束和预防，二是法律上的消除影响、恢复原状、赔偿损失等，也包括警告、停职、开除等，法律上最严重的治理是追究刑事责任，但刑事责任的追究只能由司法机关这一主体作出。治理的目的显然不止于对评估对象进行处理，其最终目的是使科技活动符合标准地运转，直至影响科技整体发展，故对科技活动本身进行规范也是治理的一个重要内容，如停止某项研究或加快速度、加大力度研究，更细致一点的包括在消除或控制影响的基础上进行研究或应用（图4-4）。

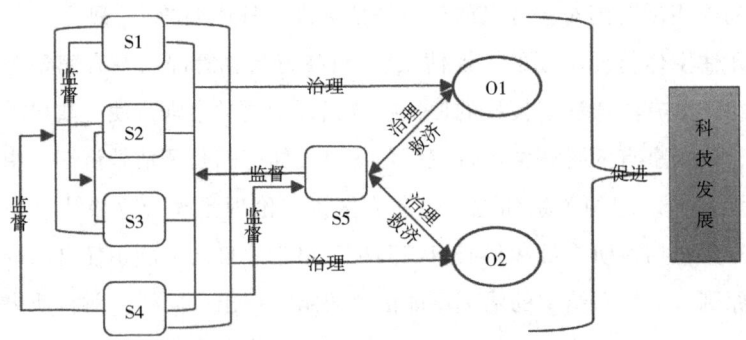

图 4-4　科技伦理评估治理示意图

注：S1指科技行政主管部门，S2指科研组织，S3指专业学会，S4指公众，S5指司法机关；O1指科研组织，O2指科研人员。

图 4-4 中，治理是直接指向评估对象的，但事实上是以评估对象的行为代替科技活动，这与上文所言"对行为进行治理符合作为行政权的评估权行使的一般形态"相对应。

根据表 4-3、图 4-3 和图 4-4，结合上文对于国情因素的分析，本书为科技伦理评估构建了一个最终的框架，如图 4-5 所示。

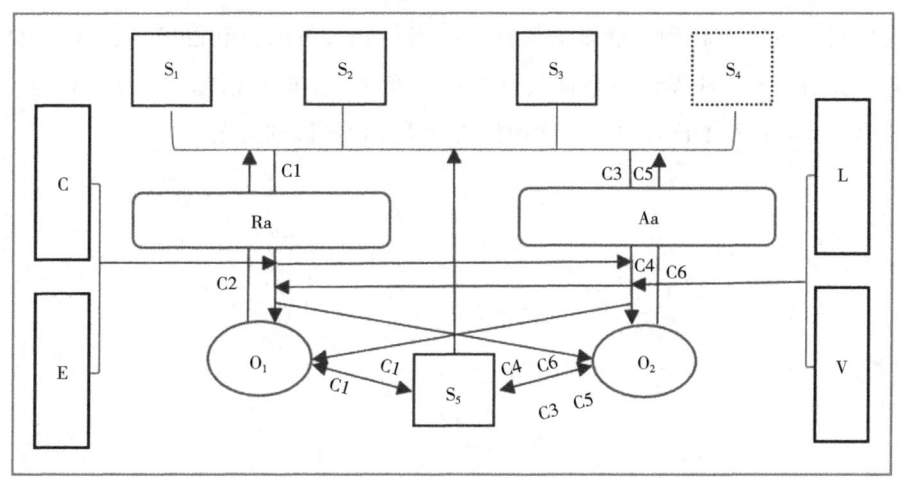

图 4-5 科技伦理评估框架示意图

注：S_1 指科技行政主管部门，S_2 指科研组织，S_3 指专业学会，S_4 指公众，S_5 指司法机关；O_1 指科研组织，O_2 指科研人员；Ra 指研究活动，Aa 指应用活动；C 指科研组织环境，E 指伦理问题特征，L 指科技法治现状，V 指社会主流价值观。

需要特别注意的是，科技伦理评估是事前事中事后一体的，在事前由某个主体进行评估，该主体就要负责事中和事后的评估，直到出现需要回避和移交的情形。但科技行政主管部门作为评估主体时是不存在移交情况的，回避只出现在其内部，即科技行政主管部门内部人员的回避，司法机关作为评估救济主体时也是如此。其他主体则既可能出现内部人员回避，也可能出现"整体回避"，"整体回避"即整体评估权的移交。比较特别的两个评估主体是公众和司法机关，前者以虚线为框旨在说明其实际上行使的是监督权，而后者由于主要承担救济功能，其实只能在事后救济，但这种事后救济却会反过来影响整个评估流程，即其既为评估兜底，也会为评估纠错，从而可能会重新启动评估或直接改变评估结论。几类主体分工合作，在评估框架内确保科技活动符合目的地发展。

最后要指出的是，本书提出的两个构建框架的思路（将法律权利的保护情况作为确定"显见"科技伦理原则的一个依据、以权利冲突的解决办法启发伦理原则冲突的解决，这两个思路同时是对"显见义务论"所面临的困境在本研究中的解决）在该框架中都得到了体现。评估标准是伦理原则与对应（相关）法律权利的结合，而伦理原则之间的冲突其实也在这种结合中得以解决，因为每个伦理原则都有与之结合的权利，所以冲突就转化成权利冲突，而权利冲突事实上也被消解成权利—侵害—权利—受限的模式，如当科研人员的权利侵害了公众权利时，科研人员的权利就将受限，也即其行为就不符合对应的评估标准，显然就应当接受处理，从而避开了伦理原则之间冲突的矛盾如何解决的问题。

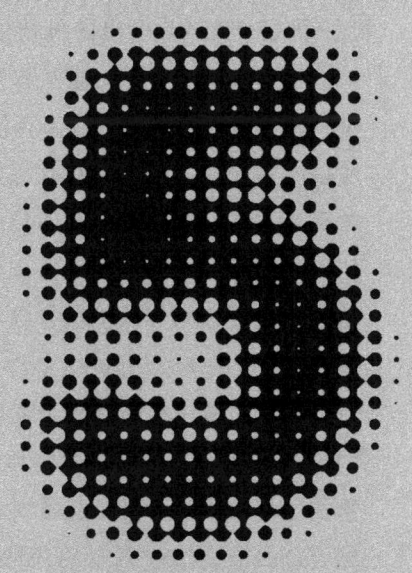

科技伦理评估框架的完善

为了使第4章得出的科技伦理评估框架可以更好地应用于实际,有必要对框架进行实践检验,但直接将该框架应用于实际的科技伦理评估是难以做到的,毕竟科技伦理评估是一个权力行使行为,本书无法在现有条件下获得这种权力支持。所以本书采取了另一种检验思路:伦理治理是科技伦理评估框架的主线,评估的依据是评估标准,对框架的检验也主要是检验框架在实践中的可行性,所以对评估框架的检验完善可以主要围绕评估标准和治理展开,评估标准的适用方式主要是遵守伦理原则和保护法律权利,而治理在实际中的表现无非是权利保护及责任追究。

本书选择问卷调查和个案研究两种方式来检验完善框架。问卷重点调查公众的伦理态度和对不同法律权利的重视情况,公众的伦理态度和对不同法律权利的重视情况与本书的评估标准关系重大,本书的评估标准是法律权利和伦理原则的结合,虽然上文中确定的评估标准源于实践,但实践和公众的认知有一定差距,公众作为评估活动的重要保护对象和科技活动造福的对象,其对于评估标准的认知会反作用于评估标准的内容确定,因而问卷调查的结论将重点用于完善框架的评估标准。虽然不能直接将评估框架应用于科技伦理评估,但可以对现实中新近发生的科技伦理案例进行研究,发现其中对伦理治理有益的经验,所以本书的第二个检验方法是个案研究,个案研究会选择新近发生的两个中西方个案,重点分析其处理情况,特别关注其中的权利保护和责任追究问题,进而完善框架的伦理治理。

本书将在问卷调查分析和个案研究过程中即时对照检验本书初步建成的科技伦理评估框架,在检验的基础上提出修改和完善评估框架的建议。建议将分为两个部分论述,一是在问卷调查和个案研究过程中提出具体建议,二是综合检验的全部内容提出总体上的建议。对评估客体背后评估对象的权利保护和责任追究事关伦理治理的正当性和可操作性,所以总体上的建议将在总结这两方面的经验后,以权利和责任为中心进行阐述。

5.1 路径方法

本节将解释检验完善科技伦理评估框架的路径与方法,目的是使问卷调查和个案研究能够在确定的范式下开展,同时对检验完善过程中可能存在的问题进行简要说明。

5.1.1 问卷调查的路径

伦理评估早已出现在科技政策评估中,国外2010年以来将伦理评估应用于科技政策评估的研究层出不穷(Faden R R, Kass N E, Goodman S N, 等, 2013; Nazila A, Jean-Eric T, Daria O, 等, 2016; Macqueen K M, Eley N T, Frick M, 等, 2016)。科技政策评估是科技评估的主体内容,科技计划、项目和成果的验收办法等都可被纳入广义的科技政策评估范畴。在现代社会中,政策的制定应当经过充分的调研和协商,公众在这个过程中扮演着越来越重要的角色,政策需要呼应公众的需求,也即政策应当是公众选择的结果。关于科技政策,有学者将其制定者分为精英、共同体和公众[131],当前,科技政策注重精英群体、忽视公众群体的现象依然存在,因而考虑公众选择的思路不仅是必要的,也是迫切的,当然,所考虑的应当是公众理性的选择,而理性选择通常包含与伦理相关的价值判断。这也同时表明了将伦理评估应用于科技政策评估的重要性。

科技发展迅速,早已成为一项成熟的社会建制,科技对公众的影响已不仅是外在的,而且是深入公众内心的,一定程度上改变了公众的认知,包括公众的伦理观。本书第4章确定的评估标准中的科技伦理原则虽然是制度实践中最为关注的伦理原则,且与法律权利(包括公众法律权利)相对应(相关),但毕竟原则本身源于文献,没有考虑现实中公众是否对其有所侧重或是否对其有创新性的认识。因此,考察公众的伦理选择可以判断在科技社会中,公众在受到科技影响之后对科技的真实伦理态度,这种伦理态度对于科技的发展具有反作用,也会对科技伦理评估的标准产生极大影响,毕竟,文献中的科技伦理原则也不是凭空产生的,其应当与当时的公众科技伦理观一致才有意义,而本书选定的科技伦理原则是否与当代的公众科技伦理观一致则需要经过检验。

公众是一个集体概念,公众伦理选择是一种集体决策,而集体决策存在许多难题[132],且公众是"有限理性"的,为避免"公地悲剧"(Hardin G, 1968)发生,就必须对公众的伦理选择进行集中和优化。本章关于问卷调查的研究设计就以集中公众伦理选择为中心。问卷调查将会在有限的容量中设计典型的、重要的问题让公众进行伦理选择,而不是开放式地征求意见。

需要说明的是，本书提出的集中公众伦理选择的理念本身并没有突破以往的公众选择或理性选择理论的范式，只是为了适应本书的研究，以公众伦理选择作为研究的核心部分，并通过问卷和量表的方式将这种选择集中，使之适于本书研究的目的。

5.1.2 个案研究的方法

第 4 章的科技伦理评估框架虽然是在理论论证与实证研究基础上初步建成的，但其并没有经过真实案例的检验，所以从个案研究出发最易发现其在应用中存在的问题，在个案研究基础上提出的关于伦理治理的建议必定是恰当且有价值的。

本书所要应用的个案研究方法不同于传统意义上的个案研究[①]，也与法学研究中的案例研究不同。基于研究目的，对下文将要采用的个案研究方法下一个操作性定义：对已经发生的新近的科技伦理个案进行考察，包括考察其处理程序和处理结果，并将权利保护的思想代入其中，发现处理科技伦理案例的科学方法，再总结经验与上文建成的科技伦理评估框架作比较，发现框架（特别是治理上）的不足和需要完善的地方，最后提出建议。具体方法是：选取一两个最新的有代表性的违背科技伦理的案例，然后对案例进行分析：一是分析其调查处理程序和效果，吸收其有益经验；二是代入某种权利进行实际处理的推演，这样做的主要目的是发现法律权利在治理中究竟是如何得到保护的，以及是怎样受到侵害的。本书代入的权利将以科研人员权利为主，但一定是公众也会享有的一种权利——因为同时是公众会享有的权利使得该权利具有了表 4-2 中的对内对外属性，以求得对框架中的权利保护有比较完整的启发意义。在分析之后，本书将根据研究结论提出完善框架的建议。

本书从中外各选取一个最新的案例，在分析时会适当注意区分中西方文化背景的差异，积极吸收两个案例之间略有不同的经验，在此基础上进行整合借鉴。

---

① 关于个案研究的研究方法和说明可参见 YIN ROBERT K. Case study research: design and methods[M]. 3rd ed. London: Sage, 2002.

5.2 问卷调查

5.2.1 问卷设计与统计
5.2.1.1 问卷的设计

本书在第2章中论述了"必要的恶（Necessary Evil）"，并由此提出了科技评估中的制约（Checks）与平衡（Balances）原理。科技评估对于科研人员来说是一种权利制约行为，因而是一种"必要的恶"，但为了防止"必要的恶"超越必要限度，应当对其进行反制约，重视科研人员的自主权，通过权利保障来遏制权力滥用是一种主要的平衡方法。伦理选择也要考虑制约与平衡，即既要考虑到伦理原则的要求，也要考虑到处在要求之下的科研人员所面临的难处，特别是其自身权利和伦理原则发生冲突后如何平衡的问题。本书关于问卷的设计便充分考虑了这种平衡，在设计问卷和量表时，本书致力于让公众置身于科研人员面临的伦理困境，以使这种伦理选择从一开始就具有平衡的性质。

科技活动引发的伦理争议很多，但"争议"的视角在科技活动之外，对于身处科技活动漩涡中的主体而言，其所面对的不是伦理争议，而是伦理困境，也即在科技活动实际中，纯粹的伦理争议是不存在的。如合成生物学对生命本质的挑战、对进化的"设计"自然是极具伦理争议的，但对该领域的研究者来说，其并不是要对伦理争议作出回应，而是要在这种具有伦理争议的困境中作出继续研究、转移研究方向、改变研究方法或者放弃研究的选择。对于社会各界的批评者而言，其本意也不是与科研人员就"合成生物学"的伦理问题进行争论，而是在指出其伦理风险的前提下，希望对科研人员的研究行为有所规制，也即希望看到科研人员作出正确的选择，这种选择行为将直接成为科技伦理评估的治理对象。

科研自主权是科研人员在面临伦理困境时有权作出选择的依据，而违背伦理的风险和侵害公众权利的可能性是要求科研人员慎重选择的理由。说到底，各界批评者（特别是普通公众）最关注的不是伦理争议和伦理困境本身，而是科研人员在困境中的选择行为是否会因为违背伦理而存在侵害公众权利和社会公益的可能（当然不排除有些批评者不考虑权利问题，但这样的批评者毕竟是极少的）。因此，科技活动中的伦理困境并非指科研人员正在进行的研究行为确定存在伦理问题，而是有争议的涉及伦理原则的科研行为与另一种权利或道德存在冲突时造成的两难困境［类似于劳伦斯·科尔伯格（Lawrence Kohlberg）的道德两难问题］，需要关注的是在困境中科研人员基于自主权的选择是否符合要求的问题，例如医学科研人员在急切的治疗需求下能否使用超过14天的体外人类胚胎进行研究的问题。总之，处于科技活动中的科研人员所面对的通常是一种两难的伦理困境，而评估面向的是科研人员在困境中的选择行为。

有鉴于此，将这种困境以语句的形式呈现出来，设置一种情境，让公众在这种伦理困境中作出选择无疑会更为真实地反映其现实态度，然后将公众的这种现实伦理态度（包括对待法律权利的态度）作为科技伦理评估标准的完善工具，这是本研究设计的主要思路。

经过谨慎的思考和实际调研，本书设计了一条研究路径，大致可以描述为以下步骤：①对存有伦理争议的科技活动进行梳理；②挑选出当前争议较多、热度较高的伦理问题；③筛选出公众容易理解的伦理问题；④结合文献和实际设计问卷和伦理情境量表；⑤对量表进行试测，并根据信效度修改量表；⑥面向公众发放量表并回收统计；⑦对统计结果进行理论分析；⑧根据分析结果对科技伦理评估提出建议。

上述步骤中，量表的设计最为关键。切实理解科技伦理问题需要基于一定的理论认知和实践经验，而普通公众在认知和经验上均有欠缺，因此应当对筛选出的伦理困境问题进行常识化处理。科技评估作为一种法治行为，其内容无外乎权利和义务，如果将科研人员需要遵守的伦理原则视为义务，那么困境的另一端就是权利，从而，伦理困境的常识化处理可以从权利和义务的冲突出发。根据上文对伦理困境的定义，本书设计在特定科技行为中，同时存在伦理争议和正当的权益诉求，前者以义务（伦理原则）为核心，后者则以权利为支撑。更进一步，可以将权益分为个人、他人和公共三种情形，从而形成私益式、他益式和公益式三种困境。为了避免公众将伦理困境直接理解为违背伦理，也为了使研究设计更科学，本书同时设置参照维度，即将确定的违背伦理原则的行为设置为题干，也以上述三种权益作为相对方，制造假性困境，探明公众的理性程度，并与真性困境作比较研究，由此将量表分成真性伦理困境和假性伦理困境两个维度。具体而言，本书主要根据瑞斯尼克《科学伦理学导论》（*The Ethics of Science: An Introduction*）一书附录中的案例部分进行总结和改造，结合相关文献和我国科技发展实际设计伦理困境量表。

本书对真性伦理困境的设计方法为：该领域具有显而易见的伦理争议，但争议并无定论，困境两端分别为伦理原则（困境本体）支撑的伦理争议和权利支撑的特定权益（困境因由），本书针对比较常见和容易理解的几个存在伦理争议的研究领域（安乐死、基因改造、信息监控、胚胎干细胞），结合某种正当权益（个人权益、他人权益、社会公益、国家利益）设计情境，从而设置伦理困境。假性伦理困境中的科技行为应当是无所争议的违背伦理的行为，主要选择了侵害动物福利、数据造假和环境污染等行为，设计方法与真性伦理困境相同。量表的维度、困境设置和题目设计思路等如表5-1所示。

表5-1 公众科技伦理选择量表的设计

维度	困境行为（争议行为/违背伦理行为）	困境本体（伦理原则）	困境因由（正当权益）	题目设计思路	困境赋名	题号
真性伦理困境	基因治疗	公平	生命权	生命权与带有增强机能的基因治疗行为之间的困境	私益式不公平	R1
	胚胎干细胞研究	合法	健康权	健康权与使用超过法定时间的体外人类胚胎进行研究之间的困境	他益式不合法	R2
	安乐死	不伤害	自主权	自愿放弃生命的自主权与伤害他人之间的困境	他益式伤害	R3
	信息监控	社会责任	国家利益	国家利益与监控信息侵犯公众隐私的研究行为之间的困境	公益式不负责任	R4
假性伦理困境	环境污染	行善	财产权	财产权与造成环境污染的研究行为之间的困境	他益式作恶	F1
	数据造假	诚实	个人利益	个人利益与违背科研伦理的行为之间的困境	私益式不诚实	F2
	泄露研究	信誉	他人利益	他人利益与损害科学共同体信誉之间的困境	他益式无信誉	F3
	动物福利	平等	科研自由	科研自由与侵害动物权利之间的困境	公益式不平等	F4

5.2.1.2 问卷的统计

本次调查共回收有效问卷1032份（调查时间为2017年10月），调查对象男女比为1∶0.91，包括工人、公务员、公司职员、教师（非科研人员）等各类群体。利用SPSS和AMOS等软件对伦理困境量表作了信效度检验，量表克朗巴哈系数（Cronbach's α）为0.817，信度良好，KMO系数为0.848，结构效度良好。验证性因子分析的结果表明,真性伦理困境和假性伦理困境两个维度与量表设计的构想完全一致,如表5-2所示。

表5-2 问卷分析:旋转后的成分矩阵[a]

题号	组件	
	1	2
F2	0.919	0.117
F3	0.909	0.133
F1	0.886	0.146
F4	0.861	0.202
R3	-0.040	0.803
R1	0.106	0.679
R2	0.203	0.634
R4	0.210	0.619

(1)公众伦理选择情况分析

通过均值报告可以考察公众对真假伦理困境的态度,如表5-3所示。

表5-3 问卷分析:均值报告

题目	R	F	R1	R2	R3	R4	F1	F2	F3	F4
平均值	3.12	2.11	2.90	2.97	3.44	3.15	2.10	2.06	2.12	2.15
标准差	0.752	1.077	1.107	1.154	0.989	1.083	1.223	1.197	1.154	1.174
标准误	0.023	0.033	0.034	0.036	0.031	0.034	0.038	0.037	0.036	0.037

表5-3中,公众对真性伦理困境的宽容度要明显高于假性困境,且二者之间存在显著差异。公众对假性困境的认同度普遍偏低,均值最高为2.15,这说明公众具有较好的理性,其判断能力符合假设。

在真性困境中,R1和R2未达到中间值3,而R3和R4得分则高于3。具体分析如下:

R1：在生命权与公平原则之间，公众选择公平原则。尽管困境者面临死亡的危险，但只要这种基因治疗同时具有增强机能的可能性，也即会导致主体之外的他人处于不公平的境地，公众一般就会选择公平优先。

R2：在健康权和合法原则之间，公众认同合法优先。尽管困境者的目的是亲人的健康，但只要越过法律的边界就会被公众否定，合法原则高于个人的健康权。

R3：在安乐死所代表的综合性权利和不伤害原则之间，公众倾向于前者。安乐死是一个复杂的问题，其主要权利是病人的生命自主权，但这本身即具伦理争议——人有没有权利选择死亡？当然，安乐死不同于一般意义上的自杀，其是在主体处于极度病痛之下作出的自主选择，不应受到自杀的伦理非难。安乐死的权利一般被认为是生命自主、保护弱者和人的尊严等主体权利的综合，在这种综合性的权利之下，科技伦理中的至高原则——不伤害也未能占上风。需要说明的是，公众伦理选择不能直接作为政策制定的依据（只能作为参考），所以这一公众选择的结果并不代表安乐死应当合法化。

R4：在社会责任和国家利益之间，公众选择国家利益。信息监控不可避免侵害公众隐私权，这显然与科研人员的社会责任相违背，但在国家利益的加持下，公众选择容忍这种侵害。但这并不意味着科研人员的社会责任在任何情形下都必须让位于国家利益，只是表明在隐私权与国家利益之间，公众愿意作出让步，且不将责任归咎于科研人员。

对真性困境和假性困境及各困境内的题项进行配对检验（表5-4），结果显示，真性困境中，除R1和R2没有显著差异外，其他均有差异，即私益式不公平与他益式伤害、公益式不负责任有差异，前者得分明显低于后二者，他益式不合法也明显低于该二者，差异显著；他益式伤害和公益式不负责任也存在显著差异，前者得分高于后者。在假性困境中，私益式不诚实和他益式不信誉、公益式不平等差异显著，前者得分更低。

表5-4 问卷分析：配对检验报告

题号	均值	标准差	标准误	t	显著性（双尾）
R-F	1.01	1.090	0.034	29.714	0.000
R1-R3	-0.545	1.174	0.037	-14.907	0.000

(续表)

题号	均值	标准差	标准误	t	显著性（双尾）
R1-R4	-0.258	1.357	0.042	-6.100	0.000
R2-R3	-0.468	1.251	0.039	-12.021	0.000
R2-R4	-0.181	1.344	0.042	-4.333	0.000
R3-R4	0.287	1.170	0.036	7.876	0.000
F2-F3	-0.052	0.720	0.022	-2.333	0.020
F2-F4	-0.086	0.849	0.026	-3.263	0.001

结合表5-3均值报告，对这些差异作如下分析：在将各伦理原则视为平等的情况下，私益明显比他益、公益更难以得到认同，真假性困境中均是如此。在本书所使用的几个伦理原则中，合法原则和公平原则的重要性得到公众的特别肯定。即使是出于公益，科研人员的社会责任也被公众选择为重要的原则，其重要性甚至高于不伤害原则，这种选择与我国国情（特别是社会价值观和科技发展现状）有必然联系。

（2）公众伦理选择的影响因素

问卷设置了题项检验公众对科技活动的约束态度，包括伦理约束和法律约束，将这一变量与伦理困境和人口学因素进行了t检验和相关性检验，最终得出表5-5。由表5-5可知，性别是人口学因素中值得注意的一个分项，女性更加认同对科技活动进行伦理和法律约束，且对两种伦理困境的认同（指更倾向于权利，下同）均呈负相关；更认同约束科技活动的公众对真性伦理困境的宽容度更高，对假性困境则更加苛刻；一个比较奇怪的现象是，认同真性困境的公众也同时更认同假性困境。

表5-5 问卷分析：相关性报告

检验项	性别	假性伦理困境	真性伦理困境
约束认同度	0.147**	-0.373**	0.182**
真性伦理困境	-0.098**	0.332**	—
假性伦理困境	-0.205**	—	—

"女性"是伦理学研究中的一个重要课题，本书从一个侧面反映出女性在伦理态度上确实与男性不同，女性更加具有伦理约束的自觉性，更认同约束科技活动，对于各类困境的态度均比男性更加苛刻，对于伦理原则的认同度更高。约束认同度高的公众宽容真性困境，反对假性困境，这表明认同对科技活动进行伦理和法律约束的公众理性程度更高，其能清楚认识到真性困境的两难之处，且偏向于为真性困境中的主体留有余地。真性困境与假性困境之间的正相关一度令人感到迷惑，为何理性的公众会同时认同真性困境和假性困境？本书给出的合理解释是：公众中存在一定数量的感性群体，其一般具有较高的同情心，面对困境选择时的挣扎度明显小于理性群体。本书筛查了同时对两种困境给出高分的公众，发现这部分群体在约束认同度上得分较低，一定程度上验证了上述解释。

5.2.2 结果分析与启示

本书的研究表明，伦理评估是科技评估的重要目的和关键内容，公众的伦理选择是伦理评估的重要参考，对这种选择的集中则是检验伦理评估框架中伦理评估标准的重要方法。根据这种思路，对问卷调查的结果进行分析。

通过调查，本书发现公众基本是理性的，但也存在少部分感性人群；公平原则、合法原则是公众认为重要的原则，至少在私益领域绝对如此；多项权利的综合会对单一的伦理原则造成较大的冲击，公众一般会倾向于选择前者；国家利益是公众特别看重的一种公益，公众愿意限制部分权利为国家利益让路，并且在此时不会将责任归咎于科研人员。相较于他益和公益，私益更难被公众选择，科研人员的社会责任是重要的伦理原则，在两难困境强烈时，其甚至高于不伤害原则。女性的伦理约束性更强，更认同伦理原则；约束认同度高的公众对真性困境更为宽容；公众并不都是理性的，感性群体具有更强同情心，往往对各类困境均表示认同。

基于上述内容和当前我国科技评估实际，本书得出以下结论。

一是将伦理评估纳入科技评估，并作为重要内容是必要和应当的。伦理评估和效果评估是科技评估的价值和事实二维，当前无论是立法、政策还是评估实际中都存在着轻价值、重事实的倾向，在科技发展已渗入人类社会的各个方面，特别是对公众精神生活产生重要影响的当下，伦理评估必不可少。本书建议对科技法和科技评估的政策进行修订，正式将伦理评估纳入其中，在科研项目计划中凸显伦理评估的重要地位，规定科学研究和技术发展的正确方向，确保科技不会偏离为人类造福的终极目的。

二是在评估时要区分公益和私益,尤其是应当将国家利益单列。科技活动范围广泛,但其涉及的利益往往是特定的,即使一项科技活动既会影响公益也会影响私益,也应该分清其中的影响重心,由于公众往往更重视公益,因此在对公益性科技活动进行评估时,可适当放宽伦理标准。国家利益由于其特殊性,往往不同于一般的公益,在我国重视集体利益的国情下,公众通常愿意为国家利益让渡自己一定的权利。涉及国家利益的科技一般是国防领域或国家重大民用领域的科技,应当将对这种科技的评估单列,彰显其特殊性。

三是公平、合法应当是伦理评估的重要衡量标准。公众对公平原则的重视,意味着在评估科技活动时必须将公平原则放在更高的位置上,就事前而言,在无法将某一科技活动的不公平影响降低到最小程度时,绝不贸然支持开展。同时,公众对违法的科技活动容忍度极低,即使是为了他人利益也不被认可,因而科技评估应当将合法作为黄金标准之一,某种科技活动一旦超越法律界限,即应被一票否决。

四是应特别重视科研人员的社会责任,将教育与评估相结合。科学家对社会负有责任,这种社会责任意味着科学在家进行探索时,不应抱持他人会担忧其研究结果或科学对社会造成冲击的态度[102]。本书发现,我国公众对科研人员社会责任的重视程度较高,甚至超过了对不伤害原则的重视。科学教育中注重社会责任已是必然的要求,在评估中如果发现某项科技活动中的科研人员缺乏社会责任感,则应对其进行事后教育,这种教育属于"惩戒"范畴,其必须参加且应切实改过。

五是在区分科技行为涉及的对象的基础上,进行科学评估。科技行为是一种"作为",其对象各不相同,在性别意识、性别分工依旧明显的现代社会,针对女性的科技越来越多,而女性更重视伦理原则,对待困境的宽容度更低,因而应当对这类科技进行相对严格的伦理评估。

六是对存在真性困境的科技行为持宽容态度。理性的公众往往会对处于真性困境中的科研人员抱有更大的同情,因而在评估确属真性困境的科技行为时,应当奉行宽松原则,适当放宽评估标准,给予人性化的关怀。而且,认同对科技行为进行伦理和法律约束的公众对真性困境更宽容的同时,对假性困境则更严格,因此,"赏罚分明"正好适用于真性困境和假性困境中的选择行为。

基于上述结论,对科技伦理评估框架提出以下初步性的完善建议:在科技项目的申报中指明接受伦理评估的注意事项,作为事前评估的一个步骤;在科技评估中将国家利益单列出来,并增加考量社会公益的比重;应对伦理原则有所侧重,特别注意公平和合法原则;将社会责任的事后教育纳入伦理治理范畴;区分女性权利,对女性公众予以特别保障;治理时考虑真性困境,放宽此类行为的治理标准。

5.3 个案研究

5.3.1 个案选择的理由

个案研究要以国内外最新最具代表性的案例为蓝本。经过慎重的考虑和筛选,本节最终决定选择中国台湾大学郭明良等科研弊案和美国杜克大学 Erin Potts-Kant 案,分别作为中西方个案研究的代表。前者体现了国内科技伦理问题的主要特性,即论文造假中的科技伦理问题;而后者则体现了当前科技伦理问题的若干新特性,研究此案有助于使框架更具开放性。本节将阐述这两个案例的调查处理过程中存在哪些具有启发性的方法,以及其中权利是如何得到保护的、责任是如何承担的,然后将这些经验反馈给科技伦理评估框架,从而将评估框架构建得更为实用。

中国台湾大学郭明良等科研弊案(以下简称台大案)最初由学术匿名网站 Pubpeer 曝出,因为该案牵涉台湾大学时任校长杨泮池,故引发了极大关注,历时三个多月,有关部门最终对该案件作出了令公众信服的处理,其中不乏需要注意的问题和可吸取的经验。对该案的研究,将完全依照案件调查处理的事实进行叙述和分析。

美国杜克大学 2013 年发生的一项科技伦理案例——Erin Potts-Kant 案[133] 非常典型,表现出当前科技伦理案件的新特点(特别是其中关于财务问题的处理),所以具有很高的学习价值和启发意义。为了更好地了解权利在其间的作用和保护模式,对该案的研究将围绕一个特定的法律权利进行,以探查法律权利与科技伦理原则的深度融合。

5.3.2 处理程序和内容

5.3.2.1 中国台湾大学郭明良等案

台湾大学有比较健全的学术伦理调查机制,在建立教师评审制度时,就设立了独立的学术伦理案件处理机制,依据台湾关于学术伦理的法规和该校制定的制度,该校教师评审委员会负责受理、调查和处理关于学术不端的案件。评审委员会的主席是台湾大学的学术副校长,成员包括11个学院的院长和22个各学院推荐选举出的委员,不包括校长和教务长,完全独立运作。由于校长不在委员会中,也没有调查和处理的权限,所以在处理涉及杨泮池的科研弊案时,该评审委员会可以保持相对的客观公正。

台湾大学调查学术伦理案件的一般程序为:教师评审委员会受理后,由案件所属学院召集相关领域校内外学者专家组成院级调查小组,调查后将结果报送至教师评审委员会,委员会依据调查小组报告决定审查结果,再依据审查结果作出处理。

在本次台大科研弊案中,由于其牵涉范围较广,特别是台大校长杨泮池也身陷其中,引发了很大的社会关注,为慎重起见,台湾大学另外组建了针对本案的特别委员会,特别委员会成员共9人,其中7人来自台大校外,委员会主席也由校外专家担任。特别委员会的职责是监督台大的调查程序和调查结果,保证案件处理的公平公正。

值得一提的是,在调查过程中,严格遵循了回避原则,当调查和讨论涉及杨泮池时,特别委员会中的校内委员进行回避,另有一名校外委员也基于回避原则退出,所以,全程参与案件调查的共有6人,其中有3人在海外任职,包括一名拥有丰富的学术伦理案件处理经验的外籍人士。总之,在此案处理的法律和事实各个层面上,台湾大学通过一系列措施保证了案件调查的独立与公正。在案件处理过程中,台湾大学接受台湾科技行政主管部门和教育行政主管部门的监督,并积极配合二者的调查。案件处理的具体程序如下。

2016年11月9日台湾大学接获台湾大学生化所郭明良教授自请调查案,开始调查其研究团队所发表的论文违反学术伦理的相关问题,台大依照规定将案件交由郭明良所属的生命科学院及医学院,由二者分别组成调查小组进行调查。出于审慎的考虑,台湾大学另邀校外人员组成特别委员会,协助上述调查小组监督案件,并积极为台大本校教师评审委员会执行职务提供帮助。调查过程如下。

(1)生命科学院组成院级调查小组,于2016年11月14日、24日,12月8日、19日,以及2017年1月9日、23日共召开6次会议。

(2)医学院组成院级调查小组,于2016年11月16日,12月1日、22日,以及2017年1月16日、24日,2月7日、15日共召开7次会议。期间还以发送电子邮件的方式进行了多次讨论。

（3）校外特别委员会于2016年11月17日，2017年1月9日、26日和2月20日共召开4次会议，期间也以发送电子邮件的方式进行了多次讨论。

（4）台湾大学教师评审委员会于2017年1月13日和2月24日共召开2次会议。

案件调查结果如下：

截至2017年2月24日，台大案共调查了17篇涉案论文，其中包括两篇撤稿论文[2008年发表于《生物化学杂志》（*Journal of Biological Chemistry*, JBC）和2016年发表于《自然细胞生物学》（*Nature Cell Biology*, NCB）的论文]，这两篇论文中有大量错误图片，已经不能用无心之失来解释，应当追究相关人员违反学术伦理的责任。2006年发表于《癌细胞》（*Cancer Cell*）的一篇论文虽然已进行了勘误，但将其与同年发表于《癌症研究》（*Cancer Research*）的另一篇论文对照时发现，前文中有多幅图片涉嫌重复使用，仍然属于应追究学术伦理责任的范畴。2006年发表于美国《国家癌症研究所杂志》（*J Natl Cancer Inst*）的论文、2010年发表于《癌症研究》的论文、2013年发表于《细胞死亡和分化》（*Cell Death Differ*）和《口腔肿瘤学》（*Oral Oncology*）的论文也被发现有部分图片或内容疑似违反学术伦理，需要追究责任。

依据两个调查小组的调查结果与建议，经台湾大学教师评审委员会审议，对郭明良教授及相关人员涉及违反学术伦理的行为进行了处置，处理结果如下。

（1）认定郭明良违反学术伦理，并予以解聘。上述两篇撤稿论文均系郭明良教授团队发表，其中均有许多重复使用的图片，不属于无心之失，郭明良本人也承认其行为违反了学术伦理，并且其作为通讯作者负有监督失职的责任；其他五篇由郭明良担任通讯作者的论文，经调查小组认定同样涉及不同程度的学术伦理问题，并且问题均为图片重复使用，其中两篇2006年发表在不同期刊上的论文中的图片重复使用情形严重，应当属于刻意造假。这些论文造假行为，早在2006年就已出现，郭明良身为这些论文的通讯作者，应当有所警醒，然而在此后的10年中，郭明良的实验室并未整改，而是继续犯错，并且错误涉及多名在实验室学习的硕、博士研究生和工作的博士后研究员，实验室的恶劣风气没有得到丝毫改善。郭明良作为实验室的负责人和论文通讯作者，应负重大责任。台湾大学因此作出解聘郭明良的决定，并对其进行停课处理，由其他教师代为授课。

（2）认定张正琪违反学术伦理，解聘并撤销其教授证书。2006年发表于美国

《国家癌症研究所杂志》的论文,张正琪为第一作者,该文中有两处图档重复套用。2013年其担任第一作者的发表于《细胞死亡分化》的论文用不同实验的图档剪接拼贴,同年其担任第一作者的发表于《口腔肿瘤学》的论文在实验结果、时序、图档资料等方面均有造假行为。已经撤稿的2008年发表于《生物化学杂志》的论文,张正琪为实验的实际指导者和投稿论文的实际撰写者。所以,张正琪2006—2016年涉及多起严重程度不等的论文造假案件,2013年发表在《细胞死亡分化》的论文是其代表作之一,同年发表在《口腔肿瘤学》的论文是其参考著作之一,其应当负有严重违反学术伦理的责任。台湾大学解聘了张正琪,撤销其教授证书,并决定5年内不受理其教师资格的申请,5年内其也不得申请获得研究计划资助。台湾大学同样请其他教师代授张正琪的在授课程。

(3) 认定查诗婷博士违反学术伦理,启动对其学位论文的审查程序。查诗婷为撤稿的2016年发表于《自然细胞生物学》的论文的第一作者;其同样担任第一作者的2010年发表于《癌症研究》的论文也有图片重复使用的问题。上述问题已经不属于无心之失,查诗婷应负重大违反学术伦理的责任。台湾大学学位认定审查小组就这些造假论文是否足以影响查诗婷学位论文的认定展开调查。

(4) 认定林明灿教授违反学术伦理,限制其担任学术主管和申请研究资助。林明灿分别担任两篇撤稿论文的第一作者和共同通讯作者,其列名为2008年发表于《生物化学杂志》的论文的第一作者有不妥之处,又因为其担任2010年发表于《癌症研究》的论文的共同通讯作者,所以其应负违反学术伦理的相应责任。台湾大学作出其5年内不得担任学术行政主管和2年内不得申请研究计划资助的决定。

(5) 认定谭庆鼎副教授违反学术伦理,限制其申请研究资助。谭庆鼎担任2013年发表于《口腔肿瘤学》的论文的通讯作者,且是2010年发表于《癌症研究》的论文的共同通讯作者,其负有监督失职的责任。台湾大学决定对其作出1年内不得申请研究计划资助的处理。

(6) 认定郭亦炘违反学术伦理,启动对其学位论文的审查程序。已撤稿的2008年发表于《生物化学杂志》的论文实验结果出自其硕士论文,这严重违反了相应的学术伦理。台湾大学作出由本校的学位认定审查小组展开对其学位论文的重新审查和学位认定工作的决定。

(7) 认定苏振良副研究员违反学术伦理,通报其所在单位。苏振良副研究员为2006年发表于《癌细胞》及同年发表于《癌症研究》的两篇论文的第一作者，两篇论文中多处图档刻意造假，也非无心之失可以解释，这两篇论文被认定为明显违反学术伦理。苏振良副研究员负责这两篇论文的撰写及论文中所有投稿图片的制作，负有重大违反学术伦理的责任。因为苏振良不是台湾大学工作人员，所以向其所在单位通报。

（8）认定陈百升助理教授违反学术伦理，通报其所在单位。陈百升助理教授是2010年发表于《癌症研究》的论文的共同第一作者，根据其所作的说明，应当属于不当挂名行为，但既然列名为共同第一作者，就负有该论文违反学术伦理的责任。因为陈百升不是台湾大学工作人员，所以向其所在单位通报。

（9）非通讯作者的其他共同作者的责任认定，首先由各通讯作者及当事共同作者说明各自在论文研究中的参与情况，经过审慎调查与讨论后，台湾大学认为除（1）—（8）提及的论文作者外，无法认定非第一作者及非通讯作者的其他共同作者必须负论文违反学术伦理问题的直接相关责任。

（10）台湾大学经过对该案相关论文的共同作者列名情况进行检查后，认为相关论文在整体上，存在不够严谨的问题，所以台湾大学责成相关学院进行检讨和改正。

此外，台湾大学对于杨泮池涉及违反学术伦理的问题进行了调查，并在调查处理报告中另行作了说明。特别委员会对于杨泮池校长的调查结论是：①杨泮池校长在所有被调查论文中担任共同作者是合适的；②在接受调查的论文中，杨泮池校长所参与的部分没有发现违反学术伦理的情形。

台湾大学另外成立的特别委员会调查上述论文并使用美国科研伦理办公室（Office of Research Integrity, ORI）的软件和规范对论文进行审查，依据国际学术专业惯例及台湾科技行政主管部门对研究人员的学术伦理规范，对杨泮池校长是否违反学术伦理进行调查，并同时参考4名美国相关领域教授或专家（Dr. David G Beer, Dr. Steven Burden, Dr. John Dahlberg 和 Dr. Linda Miller）的外部意见及国外案例（如美国National Institutes of Health Director Dr. Francis Collins案例）。特别委员会除审查上述论文等书面资料外，还对杨泮池校长与郭明良教授进行了约谈。在该委员会第四次会议（2017年2月20日）中，六位委员经过充分讨论后，以6票对0票的结果通过了上述关于杨泮池校长的两项处理意见。在调查处理结束后，台湾大学还进行了一系列后续处置，包括：

(1) 将处理程序、调查小组与特别委员会的调查报告、审议结果及处理情况函报台湾地区科技行政主管部门和教育行政主管部门。

(2) 台湾大学教师评审委员严格执行了上述作出的10项处理结果：①对于被处以一定期间内不得担任学术行政职务、不得申请研究计划及不得申请教师资格的责任人，自决定作出之日起立即执行。②对于此次调查中经审议有违反学术伦理情形的论文的责任人，其违反学术伦理的情形是否足以影响其学位论文认定，由台湾大学学位认定审查小组进行研究和处理。③对于现在非供职于台湾大学的责任人，台湾大学向责任人的现职单位通报调查结果以进行后续处理。④依台湾地区"教师法"第14条规定，针对予以解聘的责任人，台湾大学立即启动三级教评会的审议程序。

(3) 台湾大学着手研究制定预防违反研究伦理行为的新机制：台湾大学成立了工作小组，就制定研究伦理教育计划及教育内容、强化学术伦理的相关法规、设置研究诚信调查委员会等方面，开始研究拟定预防违反研究伦理行为的各项机制。台湾大学在声明中表示，将就此次研究制定行为与社会各界对话，也会及时公布学校的方案，听取社会各界意见建议。

台湾大学在公布案件处理结果后强调，台湾大学处理郭明良教授及相关人员违反学术伦理案，除了依照既定程序进行外，另外邀请的由校外人员组成的特别委员会是具有高公信力的。台湾大学涉事的两个学院成立的院级调查小组和特别委员会具有独立运作的权限，台湾大学教师评审委员会最终作出的决议即以该二者的调查结论和处理意见为基础，台湾大学还就此继续向社会各界征询意见。

通过台大案得到的启示有：评估主体的多元化不仅应体现在评估启动前，还应在评估进行中通过恰当的程序设置加以保证；对事实的查明应当秉承事实与价值并重的原则，并且必须考虑公众的感受，尽管这种感受有时仅以关注为表现形式；对于当事人的处置应当谨遵事实，但同时应对其伦理动机进行合理的推理，这说明伦理与事实不能分离；评估程序应当遵循一些必要的公正原则，如回避、接受监督和事后报告等；对于查明没有违背伦理的科研人员，要分开公布对其与违背伦理人员的处理结果，这其实是保护科研人员名誉权的一种恰当做法。特别地，对于受到社会公众特别关注的公众人物（如台大案中的杨泮池）的处理可以单独作出。

5.3.2.2 美国杜克大学Potts-Kant案

根据本节确定的研究路线,将在此案中选择一种权利作为主线进行研究,经过斟酌,决定还是以隐私权为中心。这是因为,一方面,隐私权作为一种人格权广泛存在于科技伦理评估中,且该权利不仅为公众所重视,对于科研人员而言也非常重要,这从第3章的判例分析中可见一斑,失去隐私权的保护,科研人员的名誉权将会更早地受到侵害,科技伦理问题对其名誉权造成的损害是难以逆转的,虽然科技伦理的处置不一定涉及犯罪,但误判或认定都可能使科研人员丧失整个科研生涯,特别是误判所造成的影响特别难以消除。另一方面,违背科技伦理的案件,哪怕是单个人的行为,都可能使整个科学界蒙上不诚信的污名,所以才有上文中所引用的国外学者(Asghari M, Moloudizargari H M, Abdollahi M, 2017)的研究指出在更私密的环境下讨论科研不端行为对科学界在公共医疗卫生系统中的前景是有利的。虽然这一研究限定于公共医疗卫生系统,但实际上可以推及整个科学界。在信息科技大发展的形势下,隐私权也是当前公众比较关注的一项权利,在表4-2中其分别在不同的科技伦理类型中出现在对内和对外两种情形里,而与之对应的保护隐私已被认为是一种独立的伦理原则。

与科技伦理评估的四个步骤略有区别,科技伦理问题的处理程序一般分为三个环节,即启动、调查和处理,Potts-Kant案即是如此,下面的论述即围绕该三个环节展开。启动一般分为两种,一种是知情人举报,另一种是监管部门主动发起,前者较为常见,其中的知情人通常包括科研不端参与人和其他同行两种,Potts-Kant案是由其他同行举报进而引发监管部门主动调查,上述台大郭明良等案则较为特殊,属于由网络举报引起多方关注而迫使当事人自请调查。

Potts-Kant案中,在启动环节,举报者必须提供Potts-Kant的基本信息,包括姓名、单位、职称等与学术相关的个人信息,但这一类信息不属于其信息性隐私,而Potts-Kant的医保、健康和家庭关系等隐私信息无需提供,受理机关也无权索要,并且在此环节,Potts-Kant的私生活安宁不会被搅动,因为举报是单向的,不要求举报人在告知举报对象后再行举报,受理机关的受理行为也无需知会Potts-Kant,所以,科研不端嫌疑人的隐私权在启动阶段受到完整保护。需要注意的是,随着PubPeer等科学交流网站的兴起和发展,知情人的范畴得到扩大,对科研感兴趣的公众均可加入举报的行列,非专业人士举报科研不端行为已渐成气候,如美国盖洛(Robert Gallo)案件那种由非专业科学家提出指控[134]的情形将越来越多。在此种情形下，由于举报人的非专业性，其所提供的举报对象信息可能会失真，受理机关需要加以辨别，但这种辨别依然是在无损举报对象隐私的情况下进行的，即在调查前一般不应侵犯举报对象隐私，应以受理机关能掌握和易获得的信息为限。

《中国科学院对科研不端行为的调查处理暂行办法》将调查分为初步核实和正式调查两步，《高等学校预防与处理学术不端行为办法》也规定了初步审查环节。本书认为初步核实或初步审查应以书面调查为主，不应涉及科研不端嫌疑人的隐私，而正式调查则不可避免地触及嫌疑人隐私，这也是本节讨论的重点。调查的目的是确定科研不端嫌疑人是否存在不端行为，从科研不端嫌疑人已有成果着手是恰当路径，Potts-Kant案中，受理机关（美国杜克大学）从Potts-Kant已发表论文入手，调查其是否存在科研不端行为，同时对其予以停职。其中涉及科研不端嫌疑人隐私权的行为有：约谈科研不端嫌疑人、查阅论文原始数据和实验室记录、向证人了解情况、听取科研不端嫌疑人陈述与申辩、暂停科研不端嫌疑人职务等。科研不端嫌疑人的个人品行、科研不端经历、实验习惯，特别是财务状况[①]等信息性隐私将在调查中被受理机关触及，对科研不端嫌疑人的约谈、听证或者停职等行为会对科研不端嫌疑人的自决性隐私权造成限制，需要注意的是，所有的这些限制都是建立在公共利益并满足同行和公众知情权等权利基础上的。一个必须要注意的问题是，即使当知情权与公共利益一致时，这种限制仍然有可能是不当的。一般有两种情况会导致这一问题：一是有的科研行为先是被认定为科研不端，后来经申诉和复查被证明不是，如巴尔的摩案（Baltimore Case），但在推翻原先决定之前，不端嫌疑人已遭受过度曝光；二是有些科研行为在当时的情形下是被允许的，但后来随着科研条件改善和科研规范完善，同样的行为已属于科研不端，当事人当时的行为在后来遭受质疑，以致其隐私权受到侵害，如密立根（Robert Andrews Millikan）1913年发表的关于油滴实验的论文没有报告49项观察中被评定为"尚可"的记录，这一行为用后世的标准可被判定为"不合伦理"，但在当时的科研环境下是"可以接受"的[102]。为防止知情权等权利对科研不端嫌疑人隐私权的侵害，本书认为根据比例原则中的"必要性原则"[135]确定科研不端嫌疑人隐

---

① Potts-Kant案暴露出大学财务管理在科研不端中的风险，今后科研不端的治理将会越来越重视科研不端嫌疑人的财务状况这一信息性隐私。

私公开的限度和内容是适当的，应尽可能在较小范围内公开科研不端嫌疑人的隐私，并尽可能采取对其损害较小的方式公开，从而当出现上述两种情况时能在最大程度上实现补救。"必要性原则"也是科研不端嫌疑人隐私公开的限度和范围的一般标准。

在调查环节还存在两个特殊情况，即科研不端嫌疑人主动放弃部分隐私以回应质疑和科研不端嫌疑人由此转变为公众人物。科研不端嫌疑人可在陈述申辩及听证程序中放弃部分隐私权，这一放弃行为不以满足知情权为限，但可被公共利益反向阻却，即这种放弃不是无限的，当放弃会损害公共利益时，受理机关有权制止。这种放弃行为和舆论的跟进会使科研不端嫌疑人转变为公众人物，此时科研不端嫌疑人的隐私权会受到更强限制。公众人物可分为完全性公众人物和有限性公众人物。所谓完全性公众人物，是指著名的、引起公众注意的、具有说服力和影响大众的地位和能力，并且经常出现于大众媒体的人士；有限性公众人物是指解决有争议或者有不同意见的问题时，自愿跻身重要的公共辩论中希望影响舆论的人[136]。科研不端嫌疑人既可能是完全性公众人物，也可能是有限性公众人物。本身是政府官员或经常出现于媒体的著名科研不端嫌疑人是完全性公众人物，但多数情况下，科研不端嫌疑人是有限性公众人物。与上述定义略有不同的是，科研不端嫌疑人并不都是主动转化成有限性公众人物的，当其卷入科研不端案件时，其可以行使陈述权和申辩权，主动成为有限性公众人物，但有时即使其一直保持沉默，随着舆论的持续发酵，其原有的言行也会对公众产生重要影响，从而成为公众人物，这种非自愿性的公众人物也属于有限性公众人物。一般而言，完全性公众人物与社会无关的隐私应得到宽松保护，而与社会有关的隐私则应受到限制，也即，作为完全性公众人物的科研不端嫌疑人并不是仅在科研不端事件中受到隐私权限制，其本身即具有受限制的特质，这种限制既不因卷入科研不端事件而减轻，也不因之而加重，限制的标准同样是公共利益，但其需要适度容忍和允许公众对其与社会公共利益无关的隐私的挖掘与公布。科研不端嫌疑人中的有限性公众人物则承受略轻于完全性公众人物的隐私限制，其隐私的披露基本取决于科研不端事件的调查需要，但因为其作为公众人物的特殊性，需适当允许公众对其私生活中某些部分的探查，而不得行使隐私权抗辩。

因此，在调查环节，科研不端嫌疑人信息性隐私和自决性隐私均受到不同程度的限制，且对其隐私权的限制可划分为两个阶段，一是正常限制，二是成为公众人物后受到的限制。在第一个阶段，受理机关及案件知情人有义务为自己所掌握的科研不端嫌疑人的隐私进行最大程度的保密；而在第二个阶段，这种保密会受到一定阻却，完全性公众人物是科研不端嫌疑人，其原已公开的隐私不受保护，其余须公开的隐私和有限性公众人物一样限于与学术相关的隐私，但应允许公众基于新闻价值和合理兴趣对这两类公众人物其他隐私的挖掘，且受理机关也可在调查环节中适当公开，以满足舆论和公众的需求。

处置环节包括作出决定和公布结果两个部分，决定本身不会侵害科研不端嫌疑人隐私，而结果公布则存在侵害可能。处理涉及两种结果，一种是查证科研不端行为属实，另一种是查证没有科研不端行为。《中国科学院对科研不端行为的调查处理暂行办法》规定，对没有科研不端行为的嫌疑人在一定范围内予以澄清，事实上涉及隐私权的保护，这里的"一定范围"应以已知该事件的对象为限。对于属实存有科研不端行为的，根据科研不端嫌疑人身份确定公开范围，如果科研不端嫌疑人已成为公众人物，应向全社会公开，否则，仅需在学术界内部公开。公开以事项为主，应隐去在调查阶段获取的信息性隐私，同时处理结束意味着对科研不端嫌疑人自决性隐私限制的解除，除非处理结果包括这种限制。处理结束后，当其他同行或社会公众以知情权为由向处理机关了解科研不端事项时，首先要确定是否存在政治自由、新闻价值和合理兴趣及获取个人信息的正当性等情形再行决定是否对其公开，然后根据比例原则中的必要性原则确定公开的内容和方式。

根据上述分析，在科技伦理评估中，对于当事人的权利保护应当遵循特定的程序。与科技伦理问题的处理程序包括三个环节不同，科技伦理评估程序包括四个步骤，且环节和步骤的内容也不同，但与科技伦理问题处理程序中保护权利的做法相似，科技伦理评估在每一个步骤中都应当具体分析评估对象和公众的权利保护问题。不同权利对应不同的伦理原则，不同主体的权利也各不相同，所以在具体评估时，必须时刻以权利保护为主导思想才能做到不出差错。在查清问题步骤中要遵循"必要性原则"，严格保护评估对象的固有权利；在适用评估标准步骤中要审慎地挑选最合适的标准，并注意标准中的权利内容；在作出判断步骤中要综合考虑伦理原则和法律权利之间的平衡，以及评估对象权利和社会公益、公众权利的平衡；在作出处理步骤中，则要适当控制处理的范围和影响，保护处理对象的隐私权和名誉权等权利。

5.4 总体完善

5.2和5.3通过问卷调查和个案研究发现了科技伦理评估在实际运行时应当注意的问题，以及本书构建的科技伦理评估框架存在的缺陷，从而为初步建成的科技伦理评估框架提供了完善的方法。根据本章预设的思路，下面将从权利和责任两个层面对框架提出总体上的完善建议。

5.4.1 权利保护的完善

这里所称权利保护包括权利限制，因为在科技伦理评估中，科研人员（科研组织）权利的限制往往与公众的权利保护相对应，所以，限制前者的权利有时即代表保护后者的权利。

5.4.1.1 真性困境中的权利保护

如本章5.2的分析，公众对于真性困境的宽容程度更高，因而，在真性困境中，可以适当向保护科研人员的权利倾斜。本书不讨论严格意义上的国家利益层面的科技伦理评估，由于此类科技多数远离公众，且通常具有涉密性质，对该类科技的评估适用不同于本书研究的特殊程序。

公益性质的科技和可能损害公益的科技是两个截然不同的概念，前者本身是为了公益，后者无论目的如何，其结果是可能侵害公益，本书发现，这类科技多数是生态环境方面的科技。对于公益性质的科技，当科研人员面临真性困境时，向保护科研人员权利倾斜，当侵害公众权利时，可适当减轻处罚，而侵害公益时，则适用一般程序。当非公益性质的科技损害公益时，则应当严格限制科研人员权利，即使是真性困境也不例外，损害公众权利时，按照一般程序处理。

如果真性困境是由科研组织造成的，如科研组织安排科研人员从事某项真性困境的科技活动，那么科研组织应当承担连带责任，以科研组织的权利受限制为代价弥补过错。

5.4.1.2 假性困境中的权利保护

公众不能容忍假性困境的一个重要原因在于，科研人员作为受过良好教育的人士，应当具有理性的认知能力，如果其在假性困境中作出了错误的选择，一是其可能是有意为之，二是其可能是无心的，但其也应当承担疏忽大意的过失责任。

在假性困境中，无论是公益还是公众权利都应当受到完整保护，而科研人员的权利则依照法律法规受到限制,其应当为其行为承担应有的责任。科研组织同样应为其教育不力、监督失范承担后果,而且其所承担的责任是独立的,不以补充为限。

此外,无论在何种困境中,都应当注意以下问题:公平和合法两个原则受到更强的保护,科研人员权利让位于这两个原则,公众权利则因这两个原则而得到加持。科技活动侵犯女性权利时,可以适当考虑适用特别程序,但科研人员是女性的则不应享有特别保护。事前的伦理说明和事后的社会责任教育分别应该纳入治理范畴。"必要性原则"作为一种保护原则几乎适用于科研人员所有的权利保护。

5.4.2 责任承担的完善

权利是与责任对应的,对于伦理治理而言,责任承担是无法绕过的也必须要考虑的内容。根据上述两个个案,对责任承担作出以下分析。

5.4.2.1 外部责任承担

这里定义的外部责任承担是指科研人员对外所承担的责任,与表4-2中"对外的权利"相互对应,也即在治理时如何向科研人员和科研组织追责,从而保护对外的权利。追责的主体包括治理机关和受害人两种。对于科研人员而言,外部责任和内部责任的划分针对的是责任人为多人时,当责任人为一人时,其对科研不端行为承担全部责任,无需区分内外,承担机制类似外部责任承担。对于科研组织而言,其责任以其与事件的关系为界分,当事件是由科研组织管理原因导致的时,其需要承担责任,对外与科研人员相似,对内则是对科研人员承担责任。

(1)主观意图

责任承担的主观意图应当区分主动与被动。科研人员责任承担中,首先应区分责任人是主动进行有违科技伦理的行为还是被动参与。以论文造假为例,当所有作者均是主动列名成为作者时,所有作者应当承担具有连带性质的共同责任,即如很多著名国际期刊所要求的一般①,所有作者均应对文章内容负责,共同负担全部科研不端责任——且负连带给付责任。关于主动,一般包括明示和默示两种,即如果论文作者之一提出要为某人挂名,某人得知后并未明确表示反对,也应视其为主动,这一点在台大科研弊案中对陈百升的处理结果中可以看出。科研组织主动要求组织中的科研人员从事某项违背科技伦理的活动,应承担连带责任,并且如果科研人员明确表示拒绝但科研组织持续施压,则由科研组织承担主要责任,科研人员在有证据证明自己曾经拒绝过的情况下,可减轻责任或免于担责。

本书将被动的概念严格限制在行为人在不知道的情况下被他人牵连进科研不端事件中,如在不知情的情况下被挂名于论文上。此种形式下的责任承担应该在排除被动行为人后,再行追究其他人的责任。同时,将被动科研人员"拉下水"的科研人员还需对被动者承担相应的民事责任,被动者对其享有损害赔偿请求权。科研组织明知道科研人员进行违背科技伦理的活动而放任不管,则应承担连带责任,这种连带责任的追究理由是其具有监管职责。科研组织的被动仅限于在不知道的情况下,被其他科研组织或科研人员拉为合作单位,此时其不承担责任,且享有追责权。

(2)主次区分

现代社会中,在一个科研组织内部,往往存在多个科研团队,单打独斗的科研人员非常少见,所以,在团队中要考虑每一名科研人员的职责与其责任之间

---

① 下列国际期刊均对作者责任承担作出了要求,且一般属于连带性质的共同责任。• ICMJE. Defining the role of authors and contributors[EB/OL]. [2017-09-30]. http://www.icmje.org/recommendations/browse/roles-and-responsibilities/defining-the-role-of-authors-and-contributors.html.
• American Association for Cancer Research. Editorial policies [EB/OL]. [2017-09-30]. http://aacrjournals.org/content/authors/editorial-policies.
• Cancer Cell. Information for authors[EB/OL]. [2017-09-30]. http://www.cell.com/cancer-cell/authors.
• Journal of the National Cancer Institute.Journal policies [EB/OL]. [2017-09-30]. https://academic.oup.com/jnci/pages/Policies.
• Carcinogenesis. Instructions to authors [EB/OL]. [2017-09-30] https://academic.oup.com/carcin/pages/Instructions_For_Authors.
• The Journal of Biological • Chemistry. Editorial policies[EB/OL]. [2017-09-30]. http://www.jbc.org/site/misc/edpolicy.xhtml.
• Nature.com. Authorship [EB/OL]. [2017-09-30]. http://www.nature.com/authors/policies/authorship.html.

的关联，区分出主要责任和次要责任。科研团队内部的分工包括纵向分工和横向分工（或称垂直分工与水平分工）。在一个研究项目中，一般包括项目负责人（Principal Investigator, PI）和助手及负责人指导的研究生。在纵向分工中，这些研究（工作）人员均处于PI和co-PI的领导及指导下，PI虽然不会参与所有研究和实验，但其必须对研究人员的研究结果负责；在横向分工中，由于现代科学的专业性越来越强，几乎没有人可以胜任一项研究的所有环节，所以往往由不同领域的研究人员合作完成一项研究，如在疾病治疗研究中，医学研究人员的任务可能是选择适当病人并提供通过手术获得的切片，生物研究人员负责对切片进行基因分析。统计人员负责数据统计。基因分析不是医学研究人员的专长，生物研究人员不知道如何手术，统计人员不了解数据来源的真实性，三者之间也没有从属关系，各方不用为他方的责任买单。一个研究团队通常既有纵向分工也有横向分工，在校际甚至国际合作的项目中更是如此。当发生科研不端行为时，纵向分工中的PI负有指导和监督的责任，不能以自己未实际参与研究的某个部分而进行免责抗辩，而横向分工中，由于各类研究人员彼此不了解各自研究情况，又无领导和监督关系，在责任承担时仅应承担自己负责部分的责任。因此，纵向分工适用上述连带责任，而横向分工适用按份责任。在台大科研弊案中，郭明良作为实验室负责人显然需要承担纵向责任，而其他经查明免于追责的共同作者一般处于横向责任中。

外部责任还有一种民事责任类型，即对有契约关系的他方负责，包括对科研合作方造成的名誉损失，和给市场行为中的另一方（包括法人和自然人）带来的经济损失等。此时应适用民事连带责任，以过错为归责原则，受害人可向有过错的行为人中的任一人主张全部权利，被主张人必须承担责任，但享有向其他行为人追责的权利。

5.4.2.2 内部责任承担

内部责任涉及行为人责任分配问题，这决定了内部责任是一种按份责任。内部责任也是民事责任，责任人在承担外部责任后，有权就自己多承担的部分向其他责任人追责。如在论文造假中，通讯作者（或第一作者）可能是主要责任人，其他责任人在承担外部责任后当向其行使追责权，以使内部责任达到合适的比例。此时，整个责任承担才告完成。

关于合适比例的确定，应根据民事责任的一般原理，除考虑各责任人的过失在总过失中所占比例外,还须考虑因各行为人的侵权行为造成的损害后果的严重程度、原因力、行为人所获得的非法利益、行为人的经济负担能力等诸多因素,综合确定赔偿责任份额[137]。这也符合法律的规定——《民法典》第一百七十八条规定:"连带责任人的责任份额根据各自责任大小确定;难以确定责任大小的,平均承担责任。"责任人可以选择向法院提起民事诉讼实现自己的权利,使自己的责任承担降低到合理的程度。

权利与责任相生相长,二者在一定程度是一致的,尊重公众权利是科研人员和科研组织的责任,维护公众权利和科研人员权利是评估主体的责任,在Potts-Kant案中,关于隐私权的保护实际上就是处理主体和评估主体的责任,所以上述关于权利保护和责任承担的论述在实际操作中是一体的。

真性困境和假性困境的划分体现了公众对科技活动的伦理选择,外部责任和内部责任的区分表达了责任追究的公正公平,将这一章的结论代入科技伦理评估框架中,能够得出以下完善建议:评估标准内容不变,但在真性困境中适用的力度减轻,假性困境则适度加重,在评估细节上又增加了女性权利的特殊保护和公益科技的责任减轻等内容;责任承担上,科研人员和科研组织的行为在对内和对外两个维度上产生不同的后果,行为人的主观意图和其本身的职责应被纳入治理的操作程序,并且由于责任与评估对象"对外的权利"相对应,在追责时应做到同步保护科研人员、科研组织的权利。

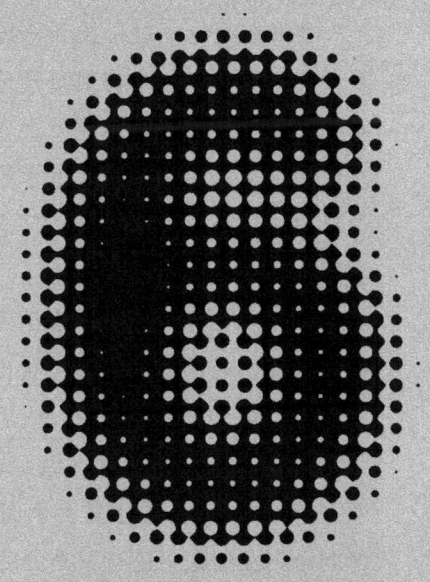

科技伦理评估的哲学反思

本书在绪论中对科技和科技评估进行了反思，并由此指出科技伦理评估的重要性和必要性，本章将对科技伦理评估本身进行哲学反思，旨在指出其存在什么问题，应当注意什么问题。之所以没有直接反思科技伦理评估框架，而是反思科技伦理评估，一是因为作者水平所限，还不能对刚建成的评估框架作出深刻的哲学反思，二是对科技伦理评估进行哲学反思可以为评估框架提供更为基础的哲学依据。

对科技伦理评估的反思可以从"是什么""为什么"和"怎么做"三个方面进行。所谓"是什么"是指科技伦理评估的基本概念和内涵；所谓"为什么"在本书中包括两个层次的含义，一是科技伦理评估"为什么必要"，二是科技伦理评估"为了什么"；所谓"怎么做"是指科技伦理评估如何开展。关于"是什么"的问题在第2章中已经作了较为全面和深入的分析，关于科技伦理评估"为什么必要"的问题则在绪论中进行了充分的解释，本书的主体内容则是对"怎么做"的解答，但本书对于科技伦理评估"为了什么"的问题还可以进一步阐释。鉴此，对于科技伦理评估的反思将从"为了什么"出发，并在其中对科技伦理评估的概念、必要性作简要补充，为进一步完善"怎么做"提供支持。

评估标准是科技伦理评估的核心，是评估指标确立的依据，评估活动以评估标准为准绳，围绕评估标准开展，因而，评估标准的内容就应当是评估活动的追求，也即评估活动所为的"什么"。评估标准由法律权利和科技伦理原则组成，从二者出发对科技伦理评估进行"为了什么"的反思是适切的。本章选择科技与公平、科技与权利两个基点进行分析，理由是：①公平是本书选定的一个重要的"显见"科技伦理原则，在上一章的调查中发现"公平"也是公众非常看重的一个伦理原则，所以以其为例进行反思具有举一反三的效果。同时，本书所强调的伦理治理也需要秉持公平理念。②本书一直强调权利保护的重要性，权利在评估标准中特指法律权利，上文的全部论述基本围绕法律权利展开，但权利其实是伦理与法律的共有内容，法律权利和道德权利也有千丝万缕的联系，所以从一般意义上的权利出发来探讨其与科技的关系，或许可以为科技伦理评估提供一个不同的视角，也能为后续研究提供新的思路。

6.1 科技与公平

选择科技与公平作为反思科技伦理评估的基点之一后，接下来的问题就是确立分析的思路。本节将基于以下思路分析科技与公平的关系并反思科技伦理评估：首先分析科技与公平之间的基本关系，然后从理论与实践两个角度探讨科技与公平的相互影响情况及使二者良性互动的基本办法，基于这种办法发现科技伦理评估应当注意的问题和如何避开或解决这些问题。

6.1.1 科技与公平的基本关系

公平的价值是不证自明的。在问卷调查中发现公平原则是公众认为科技活动中尤为重要的一个伦理原则，且公平所蕴含的平等权是权利的主要形态和内容之一①，因而其在一定意义上能够同时代表"显见"科技伦理原则和法律权利这两个评估标准的核心内容，所以在对科技伦理评估进行哲学反思时，科技与公平的关系是一个必然之维。

与其他哲学问题一样，公平问题早在古希腊时期就已进入哲人的思考范围，柏拉图的公平正义观是典型的强者观[138]，亚里士多德则更进一步提出了"至善"的概念，而且将公平正义确立为利益分配的调和剂[139]。即使到了神学占领思想高地的欧洲中世纪，公平正义依然被认为是一种崇高的追求，这种崇高已经超越了人间，人间只有相对的公平，绝对的公平在天国[140]。在人类历史上再次点燃明灯的启蒙时代，以洛克为代表的哲人提出了社会契约论下的公平正义理论，后来经过康德、罗尔斯等哲学家的发扬，在西方逐渐占据了主流地位。《正义论》的诞生基本将公平理论推向了巅峰，罗尔斯在详细论证和严密推理下，提出了基于"无知之幕"的两个正义原则和两个优先性原则[141]。即使如此，关于公平的思想火花仍然不停碰撞，沃尔泽对罗尔斯的理论提出了有力反驳，沃尔泽认为公平正义是没有统一原则的，正义只能是多元复合的，在不同的物质领域、不同的历史文化中有不同的正义原则[142]。沃尔泽却为他的相对主义付出了遭受德沃金猛烈批判的

---

① 权利有很多种分类，最基本分类是在形式上将权利分为平等权和自由权。参见：张千帆.宪法学导论[M].北京：法律出版社，2014:500.所以，平等权是权利的基本形态之一，是任何实体权利都具备的一种形式。

代价[143]。从这一简单的理论梳理中，能得出一个非常有意义的结论：在不同的时代，人们对于公平的认识各有不同，公平与时代之间的这种紧密联系，表明探讨公平不能脱离它生存的社会背景，社会背景为公平创设了各异的生存环境。因此，在任何时代研究公平，都应特别把握公平与其所处时代的社会背景之间的关系。

公平的生存环境无疑是由它所处时代的社会背景决定的。以西方为例，在古希腊时代，公平的生存环境更多地源于人对存在性的思考，公平问题属于实践哲学且建立在目的论的基础上[144]，为了让人生活得更幸福，亚里士多德提出了一个能实现公平的最佳武器——法律[145]。中世纪时，公平的生存环境由宗教决定，因此公平被用来描绘美好世界，被用来维护人们对宗教的忠诚。资产阶级革命时代，公平是革命的棋子，资产阶级以之反对封建阶级，"1789年资产者的公平要求废除封建制度，因为据说它不公平"[146]。在罗尔斯的学术巅峰时代，西方资本主义发展得相对繁荣，公平被作为一种巩固和装饰既有成果的工具，资本主义被认为是公平的最佳沃土[147]。马克思主义认为"永恒公平的观念不仅是因时因地而变，甚至因人而异"[148]，我国社会学领域的许多学者选择性地继承了这一思想，认为公平取决于不同社会发展阶段中主体的"主观认定"[149]。这类观点虽然容易陷入相对主义的漩涡，但确实是对公平主观性的一种客观描述。

公平既离不开它生存的社会背景，又无法摆脱人们的主观认知。公平最初并不是一个不以人的意志为转移的实在物质，对它的准确描述应当是：公平产生于人们的社会生产及对自身幸福的追求中，它集中反映人们的意志，但一旦它被从意识中转移到社会现实中，便具有了极大的稳定性，在一定历史时期里不以人的意志为转移。这也是为什么人们对不同的社会背景下的公平会有诸多不同认识的另一重要原因。生存环境和主观认知恰巧对应公平的物质和精神两个方面。

各个时代公平的含义各有不同，而这种不同虽然不是由某些哲学家、政治学家、法学家等规定的（其实先哲们只是把人们的共同认识——这种共同认识经常是隐性的——加以概括和梳理，使之明朗化且符合当时的社会特点和人们的内心向往，因而获得拥趸），却是主观与客观、物质与精神的一种高度结合，它必然受到人们认知的影响，而且公平一经人们达成共识，就会形成一种社会信仰，无形地弥散于社会的各个角落。因此，在一定意义上，公平的涵义就代表了公平本身。

科技是现代社会的主背景。在现代社会中，人们的学习、工作和生活都离不开科技。科技是现代社会改变公平生存环境的"幕后推手"，它改变了公平的实现方式和价值基础：科技的"双刃剑"效应持续存在，科技可以轻易导致不公平，公平的实现又将更多地依赖科技——谁掌握了更高更新的科技，谁就掌握了更大的话语权，包括对公平的话语权。但公平是一种核心价值，是人类文明的基石之一，科技与公平之间只能保持良性互动，而不能互相抵触，否则必有一伤，也必导致人类不能承受的后果。公平作为自然法的重要价值，与科学发展的终极目的——造福人类生死相契，二者应该也能够共生。科技对人类认知世界的方式和内容作出了改变，对公平含义的主观认知也随之发生了变化。所以，在科技社会中，公平的生存环境和对公平的主观认知都发生了变化，这两种变化直接或间接地与科技相关。

基于上述分析，对科技与公平的基本关系作如下描述：科技改变了公平的生存环境，也改变了人们对公平的认知，科技能促进公平的实现，也能抑制公平的实现。科技发展提供了公平在现代社会生存和发展的物质与精神的双重条件，使公平由内（认知）向外（环境）转换的每一个环节都渗入了科技的因子，因而科技在实质上改变了公平。公平反过来又对科技产生反作用力，公平的内在本质应是一种可控的能够感受的平等，即无论在什么时代，受到什么影响，公平必须以平等或至少最大限度地追求平等的存在而存在，由于这种平等的本质不受外界影响，科技虽然能改变公平却不能改变公平的平等本质，从而导致科技在改变公平的同时也受到公平本质的影响，科技不能向着不平等的目标发展，科技的发展在本质上必须与公平价值相符。因而，科技与公平的关系是双向的。

6.1.2 公平是科技的价值基础

公平显然是一种价值，但同时也可以通过具体的阐释和规定成为社会中人们遵守的规范。明确价值与规范的关系是分析公平与其他社会建制的关系的基本前提，科技也不例外。本部分的核心观点是公平以科学规范为中介，并经由对科研人员的规制而成为科技的价值基础，对该观点的论证即始于价值与规范的关系。

休谟（David Hume）认为，价值是与事实对立的，他写道："我所遇到的不再是命题中通常的'是'与'不是'等联系词，而是没有一个命题不是由一个'应该'或一个'不应该'联系起来的。"[150]"是"与"不是"、"应该"与"不应该"形成了尖锐的对峙。无疑，在休谟看来，价值混杂着主观意志，如果继续从主观意志出发，难以实现价值与客观事实的一致性，也即我们无法从"我们应该"通往"事实如此"。二者之间需要有一个桥梁来沟通。对此，哈贝马斯（Jürgen

Habermas）指出："规范告诉我们的是，什么必须要做，价值告诉我们的是，什么应该要做"。[151]"必须"的强度介于"应该"和"是"之间，虽然不比"是"与"不是"的非此即彼，也有强于"应该"的果断品质，"必须"使规范具有了区别于价值的排序和竞争的特性，"不同的价值相互角逐，争取优先性"[151]，而两种对立的规范则无法在相同的价值下共生。

规范的首要特征是制度性，因为其从根本上说是一种人定的制度，它强制要求人们去"做"或"不做"，其强制力源于人们的价值认同和规范自身的强制属性。当价值认同薄弱时，或人的某种自利性侵害共有价值时，这种强制属性就会起作用。然而，强制属性本身又源于多数人的同意，即"民主"的基本形式，其使规范在强制的同时进行协商。因而规范要经历价值和民主的双重检验，或者说，规范基于价值而逐步走向民主，如果我们将民主的协商视为对新的价值的承认，那么规范所接受的检验实际上就意味着价值的更新换代。因此我们得到了一个奇妙的结论：从表面上看，规范因价值而生，而事实上，价值却因规范而得以延续。没有规范，价值将皮之不存。"只有当价值表现为一种规范要求时，它才能真正被看作是价值的实现"[152]，因而，将"价值规范化"是实现价值的必要路径。

默顿将科学的精神特质描述为一种价值和规范的综合体，规范被制度化的价值合法化，并通过命令、禁止、偏好和许可的方式表达出来[153]。可见，科学规范是以"制度化的价值"为基础的，而"制度化的价值"和"价值规范化"具有内在一致性。科学规范是规范的一种，其与价值的关系内在地蕴含于规范与价值的哲学思辨中，科学规范必然应当以某些制度化的价值为基础，而一项科学规范的实质就是某种价值的规范化。本书认为公平是现代社会中科学规范的一个重要价值基础。

默顿建立科学规范时，由于历史环境的影响，特别强调了科学独立和自主的价值。默顿在其关于科学规范的相关著述中还提到了客观性、创造性等价值，他将客观性看作科学规范的"核心价值观"[154]，而创造性则被科学制度解释为一种"最高的价值"[153]。事实上，科学所追求的价值远不止此，关键在于还有什么价值应该被科学规范选择？在解决这一问题之前，本书首先要给出引入新价值的理由。

随着科学生存环境的改善，以及帕森斯价值体系观在社会学中的衰落，关于默顿科学规范的价值基础问题在20世纪60年代凸显出来。一些学者不再认同将某种核心价值作为科学家行为的依据[155]，正如库恩（Thomas Kuhn）所指出的，

"价值总是随着科学共同体和时代的不同而变化的"[156]，科学规范既然建构于价值，价值的变化必然意味着规范的更替。

面对批判，默顿本人也表示其不会坚持这些科学规范是一成不变的[157]，也即科学规范是具有历史相对性的，但这种批判无法动摇科学规范的意义和其在特定时空的作用。正如上文所分析的，规范依附于价值而生，价值又何尝不是呢？仅仅存在于主观意志中的价值不仅远离事实，也无法克服抽象性的缺点，规范是其必需的生存土壤。关于科学规范与价值的争论，我们所能得到的有意义的结论至少有一个：科学规范的价值基础随时代而变迁。这同时也带来一个启示：在新的时代，科学规范需要重新挑选、增加、整合价值并加以制度化，但绝不是抛弃价值。

那么，公平何以成为科学规范的新的价值基础？公平当然不是一种"新"的价值，其作为一种历史悠久的价值远早于存在于科学领域的独立性和客观性等价值，但不妨引用默顿学派在论战中所用到的观点来重新解读公平性。杰里·加斯顿（Jerry Gaston）指出："关于科学的规范，似乎特别的问题是：作为一组，它们是科学界所独有的。"[158]当公平与独立性、客观性等价值作为一组出现在科学领域时，它是新的、独有的。因此，作为科学规范的公平价值在内涵上与一般意义上的公平价值相同，其经由科学规范制度化后融入科学建制，进而与其他被选择的科学价值共同成为科学规范的价值基础，其作用机制是与其他科学价值发挥组合力量影响科学规范，并接受科学规范的反制。

科学规范是科研人员应当遵守的规范，而科研人员是科技发展的能动力量，公平原则作为科学规范的价值基础，能够通过对科研人员及其行为的规制使整个科技活动向公平而行，从这个意义上来说，公平不仅是科学规范的价值基础，同时也是科技的价值基础。

下面将以四大经典科学规范为例，基于科研人员的主体角度来分析公平是如何通过科学规范规制科研人员及其行为，进而成为科技价值基础的。

普遍主义规范主要体现了形式公平，该规范有两层含义：一层是科学应当坚持客观的评价标准，这一评价标准仅与知识本身相关，而与科学家的出身无关；另一层是"要求在各种职业上对有才能的人开放"[159]，显然这是一种机会平等。机会平等更接近于形式公平，而不同于程序公平和实体公平，但由于形式公平最能体现"不歧视"的本旨，因而在很大程度上规定了制度的内容，这里的制度当然也包括"制度化的价值"中的制度。科研人员需要遵循科学规范，而科学规范以公平为价值基础，科研人员的行为自然就应当是公平的，从而其创造的科技活动也应当是公平的，公平是科技的价值基础。

在科技成果转化速度加快的今天，要求科研人员无偿公布自己能够产生巨大经济效益的研究其实是不合理的，所以，科研人员基于公有主义规范的学术交流也应当符合"公平"要求。同时，随着知识产权保护的进一步扩大和形成共识，要求科研人员仅仅以承认和尊重的方式拥有产权已然不足够，且承认和尊重也衍生出了新的意义，这意义直接与公平分配相关。公平分配不能仅以引文、注脚为表现，还要以一种对等的互换和社会利益的潜在实现为基础。前沿成果的公布应当以能得到互相帮助为前提，或者以能够向社会转化为前提，因此体现为一种等价交换，是一种满足科学家外利的交换。这种交换与礼品交换论[160]和商品交换论[161]中的交换略有不同，它更注重实质上而非形式上的等价，对于科研人员而言，直接的要求就是这种交换应当是公平的。

无私利性事关科研人员的动机和目的。动机涉及行为的发端，指"引起或者倾向于引起行为的需要和欲望"[162]，是一种意愿形态的心理状态，其更多地表现为一种"欲"，而与社会化的"利"无直接关联，但动机与目的具有因果关联。"若有某一事物发生连续的运动，并且有一个终结的话，那么这个终结就是目的或'为了什么'"[163]，通俗地说，目的就是"想要得到的结果"[164]，其与"利"直接相关。动机通过目的这种结果导向的心理而与"利"相连。因此可以将"利"区分为内利和外利，内利更接近动机，表现为科研人员对真理、财富、地位的渴望，外利更接近于目的，表现为科研人员对自己的研究会产生的经济利益、学术价值和社会效益的期待。重点就在于使科研人员保持一种内利与外利的平衡，这种平衡拒斥政治、经济、社会的不当影响。但在现代社会，拒斥这种影响谈何容易。大科学时代，国家、社会、企业对科技的资助事关重大，没有资助，绝大多数科技活动难以开展，外利对科学家动机的影响水涨船高，又因为科研压力增大，默顿认为很罕见的"欺骗行为"[159]实际上在增多。在这种情况下，仅将科学规范建立在客观性、创造性或独立性等价值基础上，不啻于自欺欺人。公平是解决内利和外利冲突的不二法门。

首先，公平要求人的公平，科研人员同样是普通人，正如默顿指出的"没有任何证据表明科学家是道德高尚的人"[159]，其内利中对金钱、权力等世俗的欲望与常人无二，我们不能选择性忽视，只能依靠制度控制，在将来期待这种控制内化为科学家的道德标准,所以,不是道德高尚的人成了科研人员,而是科研人员经过严格的训练和控制后,变得道德高尚。因而,一些对其他职业的道德控制可以平行地迁移到科学职业中,科学职业没有理由成为一项比任何其他职业对自律的要求高得多的职业。其次,公平为科学共同体筑起了防止外利侵扰的城墙,既然科学是推动社会进步、经济发展最为强大的生产力,它应当获得与其地位相称的"特殊对待",这种"特殊对待"符合朴素的公平思想,即相同的人获得相同对待,不同的人获得不同对待[165],这种"特殊对待"包括为科学提供基础研究的空间,不能急功近利地向所谓的社会需求妥协,因为与其他职业不同,科学上的重大发现往往不会那么快见到效果。这种不妥协也是回应默顿所说的"一旦有用性变成科学成就的唯一标准,具有内在科学重要性的大量问题就不再进行研究了"[166]。

怀疑精神对科研人员至关重要,这种怀疑是"有组织的",科学上的怀疑精神推动科学不断打破权威,向前发展。"怀疑"本身是对实体公正的追求,这种追求构建了"有组织的"程序公正。并且在事实上,这里的公正并不特别强调正义,而更强调公平、平等。怀疑并非站在正义的制高点上,而是对一切科学活动一视同仁地质疑,质疑的是其真实性、客观性,而非正当性、道德性,也即怀疑的对象主要是"真"而不是"善"和"美"。怀疑精神建构出了包括同行评议在内的程序和实体并存的科学评价制度,其实体公平存在于怀疑中,程序公平存在于如何怀疑中。程序公平主要体现为制度的适用,实体公平体现在制度本身,实体公平与实体平等[167]具有相似的内涵,要达到完整的实体公平,不仅要求制度的内容是公平的,制度所实现的效果也应是公平的,而制度的实现需要程序的保障,因此,程序公平和实体公平在公平实现的层面上合为一体。

综上,作为一种重要的科技伦理原则,公平是科学规范的重要价值基础,其通过科学规范对科研人员的行为进行规制,这种规制是内在和外在并存的,内在地通过内利和外利的平衡引导科研人员的动机、目的向善,外在地通过渗入制度的内容和程序来约束科研人员及其行为,使之符合公平的价值要求,作为科技发展的能动力量,科研人员在公平价值基础上的科学规范的约束下保证科技不"变坏"。公平是科技的价值基础。

6.1.3 科技对公平的不利影响

科技是一个成熟的社会建制,因而可分为科技的内部社会和外部社会两个层次。科技内部的公平问题在科学社会学领域早已被讨论,默顿关于科学奖励系统中马太效应的研究就是基于科技奖励中荣誉的不平等分配展开的[159]。在科学知识社会学中,学者们也探讨了公平性在科技知识产生中的作用,如哈里·柯林斯(Harry Collins)运用经验资料指出,在不能平等使用资源的情况下,工业利益在取得争论结论的过程中会发挥作用[168]。两个研究领域的内容和着重点虽然不同,但研究的出发点都是科技的内部社会,即在对科学体制和科学知识的研究中提及了公平(尽管可能是外部社会导致的)与科技的内在联系,且视角是单向的,即仅讨论了公平在科学中的表现和对科学的影响。与本书一直采取的第三者视角相比,仅观察公平在科技内部社会中的状态与作用很显然是不够的,也难以与公众产生共鸣,毕竟公众对于科技内部公平问题的关注度较低,公众更为关注科技对外部社会公平的影响,特别是不利影响。

科技对社会公平助益良多,如:通过快速发展的科技,提高市场监督的能力,增加市场竞争的活力,推进经济公平;科技手段应用于投票选举、公务员考试、立法调查、文明执法等,促进政治公平;科技传播更加高速快捷,网络使用普遍而价格低廉,使得知识的可获得性增强,推动文化公平。科技作用于不同的领域,促进不同类别公平的实现,如:科技改革税收制度,完善社会保障制度,保障分配公平;科技提高办案效率,装备办案人员,促进实现应报公平。这些论述并没有穷尽科技对公平的促进作用,但可以看出,科技对于不同领域、不同类别和不同范围的公平都有积极影响。

这里重点关注科技对社会公平的不利影响,不仅因不利影响最为公众所关注,也因其提供了公平反制科技发展的理由,而这种反制正是公平作为科技活动伦理评估标准内容的意义。大概可以从两个方面分析科技对社会公平的不利影响:科技加剧原有的社会不公平、科技引发新的社会公平问题。

不公平现象可能在人类出现以前就已存在,但到了科技社会,随着科技的发展,许多固有的社会不公平被科技扩大或加剧了。在所有的社会不公平现象中,最为普遍的当属经济上的两极分化,其与公众利益紧密相关,也最受公众关注,因此,科技如果加剧了这种不公平,必定会对社会造成极大冲击。

马克思在《资本论》中就形象地论述了科技与经济的关系,他不仅明确地表示"生产力中也包括科学",还更进一步地指出,"固定资本的发展表明,一般社会知识,已经在多么大的程度上变成了直接的生产力"[169],这显然说明了作为生产力的科技对经济发展具有直接影响。法国经济学家托马斯·皮凯蒂（Thomas Piketty）在《21世纪资本论》（*Capital in the Twenty-First Century*）中深刻地探讨了这一问题，并进一步认为科技是造成现代社会不公平的一个重要因素，特别是高级技能供求之间的竞赛引发了日益严重的不平等。他在书中写道："'技术进步将会使人力资本战胜金融资本和财产，能干的经理战胜有钱有势的股东，技能战胜裙带关系'的乐观想法多半是不现实的。"[170]皮凯蒂曾经的同事，麻省理工学院斯隆管理学院的教授埃里克·布伦乔尔森（Erik Brynjolfsson）则更为激进，他认为"科技是造成近来不平等加剧的主要因素，科技是罪魁祸首"[171]。

如果说将经济上的两极分化直接归咎于科技失之偏颇，但有一点却是毋庸置疑的，那就是科技作为一种无形而强大的生产力，在经济发展过程中的作用是巨大的，如果这种作用得不到控制，那么在市场机制的影响下，科技对财富不均的现实肯定会起到推波助澜的作用。换句话说，科技的发展能使这种由经济差距导致的不公平鸿沟更加深不见底。那么科技是如何加剧这种经济上的不公平的？

首先，科技使资本的价值更加凸显。资本因附加了科技这个人类智慧的高级结晶而比以往任何时候都更能增殖。资本总公式 G-W-G′（G′=G+m）告诉我们，资本的增殖是由于剩余价值的参与，而剩余价值是由劳动者创造的。在科技社会，劳动者显然受到科技的武装，"科学技术提升了劳动者的体力和智力，提高了劳动者的劳动能力"[172]，联合国教科文组织的研究表明，劳动者得到的科学技术教育、训练和培养愈多，在生产力中发挥的作用就愈大。

其次，科技发展使财富的获得更加依赖科技，一个典型的例子是电子商务与传统商业的对比。据统计，2015年社会消费品零售总额比2014年增长10.7%，而网上消费品零售额则比2014年增长33.3%[173]，从中可看出，线下的消费品零售额的增长率远低于网上消费品零售额。又如2015年"双十一"，国内某知名电商的交易额达到912.17亿元，远超过2014年的571.12亿元[174]。当人们在欢呼电商胜利的同时，传统商业却面临着客源流失、成本难以压缩的困难处境。传统商家在财富获得上处于这种总体竞争劣势很明显不是因为他们不努力，而是由于网络科技的强势介入。也许转型为电商是传统商人可以选择的一条最为有效和简捷的路径，但对于那些对网络科技不熟悉，甚至不感兴趣的传统商人而言，转型不仅是痛苦的也是不公平的。

再次，科技成为经济优势一方保持和扩大优势的工具。科技是促进经济发展和个人财富积累的重要力量,占据经济优势的一方可以更好地利用科技为自己的财富增加提供便利。以资金充裕的企业为例,一方面,其可以雇佣科研人员组成研发团队,研发科技含量高的产品,或以科技专利为无形商品,通过转让科技专利增加财富。一般而言,科技产品的更新换代非常快,谁能占据科技高峰,谁就更容易获得财富。另一方面,企业可以采用科技为手段管理或经营财富,如对于市场和投资的科技化分析,对于员工的科技化管理,以及和竞争对手的科技化竞争等。

科技加剧原有的社会不公平是因为科技渗入社会生活的方方面面,使各种原有的分化和不公都先要过科技这一关,科技犹如一个高压水枪,在它的强势过滤下,社会不公平变得更加严重。一个更值得警醒的问题是,科技是在运转正常的情况下使不公平扩大的。例如,人们很难说打车软件的发明是错误的、不良的,但由于公众在软件使用知识上存在差距,打车软件实实在在地让出租车、网约车这种具有公共服务性质的资源分配出现不公平。

第二个方面是科技带来了新的社会公平问题,带来了新的需要解决的公平难题。第一个例子是体育竞赛。人们将现代科技应用于各类比赛使裁判更加精准(如田径比赛中的回放技术,网球比赛中的鹰眼技术等),目的在于使比赛更加公平,但同时又导致了一些前所未有的不公平。除去类固醇等违禁药物对公平竞赛的破坏外,还有一些隐性却又必须正视的、导致不公平的科技,如现在已被禁用的"鲨鱼皮"泳衣、基于空气动力学设计的自行车骑行服等,对于一时未能掌握这些科技的国家,其运动员很显然无法和装备更好的运动员公平竞赛。

从国家层面来看,这种由先进科技所导致的不公平问题更加突出,第二个例子便是如此:据报道,美国国防高级研究计划局(Defense Advanced Research Projects Agency, DARPA)近年在积极推进深度脑刺激+(Deep Brain Stimulation+, DBS+)的研制,一旦DBS+研发成功,就有可能用于提前增强士兵大脑的抵抗力,并可能用于调节其他类型的情绪。如某个士兵即将登上战场,DBS+即可通过增加士兵体内的肾上腺素以减少或根除其内心的恐惧,同时增加其勇气[175]。毫无疑问,这项科技引发了伦理上的激烈讨论。从宏观上看,DBS+是一种相当高端的科技,在可预见的将来能够掌握这一科技的国家也不会太多,对于未掌握这一科技的国家,其在国际竞争中必然会处于劣势。并且,这种科技不具有核武器的震慑力和毁灭性,禁止对其的使用可能难以达成共识,又由于这种科技研发和应用具有隐秘性特征，禁止对其的使用实际上也很难得到执行。

第三个例子是生命科技。生命科技在20世纪后半叶异军突起，并成为21世纪最为风光的科技之一，但其引发的道德伦理问题也最为突出。诸如安乐死、克隆人、试管婴儿等科技都引发了广泛而激烈的讨论。这些科技不仅引发了伦理问题，也引发了社会公平问题，有学者就曾在谈到基因治疗时直言，要求社会绝对公平也是不可能的[175]。这些科技既有可能加剧原有的社会不公平，也会产生新的不公平。抛去经济的影响，生命科技的发展会使人体差异转化为不公平，如因为体质、基因等原因，很多人可能根本无法享受现代生命科技带来的红利，如器官移植技术，因为个体器官的差异性，并不总能找到匹配的器官，但如果不是20世纪70年代对于器官移植技术有重要意义的"组织兼容性"的发现，器官移植对所有人都具有相似的风险，也就无所谓公平了，但这种思想显然是一种倒退，且倒退的不仅是科技，还有公平，是一种"共同贫穷"式的倒退。21世纪以来非常热门的信息科技也会导致明显的社会不公平，大数据所带来的隐私问题，绝不仅仅是隐私权这么简单，大量用户的信息不仅可以用来作为研究的数据，更重要的是可以通过定制行为来窥探甚至控制用户的言行，获利看起来只是一个附属品了，而用户和运营商之间的公平几乎已荡然无存。

科技所引发的新的不公平，至少有两种特性：科技作用于原有的社会机制（如体育竞技）而产生新的不公平；科技，尤其是生命科技使人自身的差异转化为不公平。这两种特性中又蕴含着一个更为严重的矛盾：科技在消除不公平的同时产生新的不公平。

科技在现代社会中的力量是如此强大，以至于对社会的价值基础之一——公平，产生了巨大的正面和负面影响。科技在很多方面促进了公平的发展，但同时也加剧了原有的不公平，催生了新的不公平，科技的"双刃剑"效应在面对公平时展露无遗。一句话，科技可以使社会公平受益，也可以使其受损，而对公平受损的关注更为重要。

6.1.4 为了"公平"的反思

科技与公平之间的关系是双向的，在现代社会，科技改变了公平的生存环境和其含义，而公平又以其平等的本质规定了科技的发展方向。公平作为一种价值，是科学规范的基础之一，经由科研人员的科研行为，公平同时成为科技的价值基础。科技对于公平而言,"既能载舟,亦能覆舟",为了使科技活动在正确的轨道上运行,公平的反制力不可或缺。

被科技所改变的公平反过来依然要对科技进行制约。在本书中,公平是一项重要的伦理原则,是科技伦理评估标准的重要内容之一,要使科技符合这一评估标准的要求,需要注意四个问题:第一,厘清科技与公平之间的关系,如果二者之间没有相互依存、互为制约的关系,科技就不用为公平负责,公平也没有能力成为科技活动的伦理评估标准;第二,科技不能改变公平的本质是公平反制科技的切入点,因而在实际评估中,要特别注意公平的平等本质,同时平等权也是公平原则与法律权利的联系点;第三,公平是科技的价值基础,而这一价值基础是以科研人员遵循科学规范而作出的科研行为为中介的,因而在适用公平原则评估科技活动时要特别抓住科研人员这个评估对象;第四,科技对社会公平造成了诸多不利影响,这些不利影响就是公平反制科技的着力点,在评估中要特别注意科技活动是否存在造成这些不利影响的事实和可能。

虽然本节以公平作为反思科技的基点,但公平在这里是作为评估标准中科技伦理原则的代表,上述注意问题可以在一定程度上向其他科技伦理原则迁移,当然在具体适用时要先就某一原则与科技的关系进行深入的分析和阐释。

6.2 科技与权利

本书在绪论和第2章中对法律权利成为科技伦理评估标准的理由作了充分的推演,也强调了在科技伦理评估中保护法律权利的重要性,本节进一步从哲学上分析科技与权利(不仅是法律权利)的关系,并突出科技伦理评估中的重要权利,对其进行阐释。

6.2.1 科技与权利的基本关系

第2章对法律权利进入科技伦理评估标准的论证是在显见义务论指导下,从科技伦理评估的交叉属性出发的,也即由于科技伦理评估是一个综合了科技伦理和科技政策(法)的研究领域,所以应当讨论法律与伦理、法律判断和道德评价的关系,并在关系讨论中引出权利与义务的中介,进而说明可以通过法律权利的保护情况选定"显见"的伦理原则,并使二者结合作为评估标准。第2章也讨论了科技与权利的关系,但主要是从实践出发论证科技与权利的相互影响关系,而没有从哲学上对科技与权利的关系作深刻的分析,下面将尽力弥补这一遗憾。

科技伦理评估中的权利是什么性质的?边沁说"自然权利是没有父亲的儿子",他认为"权利是法律的产物,而且只是法律的产物;没有法律就没有权利,没有与法律相反对的权利,没有先于法律存在的权利"[176],但托马斯·希尔·格林(Thomas Hill Green)持有不同的观点,他认为:"因为所有权利都依赖于存在于个体之中的其行为决定于福利概念的那种能力,这种福利概念同时是他个人以及其他人的目标,而且这种概念构成了道德观念中的人格。"[177]在现代社会中,这种关于权利的非此即彼的观点已被消解,道德权利和法律权利存在大量重叠。如本书第2章所述,"法律总会挑选一些道德作为其规范内容,甚至'我们的大量道德已经包含在我们的法律法规里了'",我们能说被法律承认的道德权利是不道德的吗?很显然不能。因而,本节在这里所谈论的权利是一个综合的概念,在一定意义上包含着某些道德权利,而不再仅是法律权利。

这种综合是可行的。在一些伦理学家看来,道德权利是伦理学中的重要内容,如美国著名伦理学家弗兰克纳主张,伦理学"不仅应该对义务的理论而且也应该对道德权利的理论作一概略的叙述",伦理学"向我们指出我们的义务的理论也将向我们指出我们的权利。……因此,权利论绝大部分是与义务和责任相对应的,并且是基于同样的普遍原则的"[178]。可见,在伦理学领域,权利和义务一起被吸收进道德理论,二者并不为法律所独专。基于两个领域对待权利的这种相似的积极态度,结合现实社会的发展,对于道德权利和法律权利二者之间的关系应当有一个宽容的态度:法治社会中的法律权利从本质上来说通常是符合道德的,而被普遍认同的道德权利一般也应该被纳入法律权利。

从权利的道德性出发,更能够理解这种综合的意义。从道德意义上来看权利,在本质上是在肯定人、解放人和促进人自由、全面发展。这种视角意味着,只要国家和社会要求公民过上一种有助于个人和社会发展的健康的道德生活,国家的一切建制都应为实现这一道德目标提供一定的条件,正如格林所认为的——国家及其权力还具有一种最后的道德价值,从而使人们从那里取得了作为实现道德的条件的种种权利,因而公民权利显然是实现道德目标的主要基石。科技作为国家动用资源发展的一种建制,自然不能例外,自然也应建立在这一基石上。胡果·格劳秀斯（Hugo Grotius）在《战争与和平法》（*The Law of War and Peace*）中说：权利是和人有联系的一种道德的特性。这句话在肯定权利有道德特性的同时强调了"人"，而法律自其诞生之日起，就是"人"必须遵守的行为规范，"人"的权利被法律所规定，受法律保护，换言之，具有道德特性的人的权利被法律所规定，权利具有法律与道德的双重特性。19世纪法国著名哲学家、空想社会主义者皮埃尔·勒鲁（Pierre Leroux）认为，权利包括宗教权利、道德权利和公民的政治权利，这一分类在今天看来未免显得单薄，但却从一个侧面证明，早在几个世纪前，在民智渐开的时代，权利就综合了具有明显法律性的政治权利和一般意义的道德权利。英国当代法理学家丹尼斯·罗伊德（Rennis Lloyd）在《法律的理念》（*The Idea of Law*）一书中指出，"权利"寓有道德上的意义，这在"法律"一词代表道德上"正当"的许多欧洲语言中表现得尤为清楚。

因此，与上文中强调法律权利不同，本节将"权利"这一综合概念作为论证的基点，这并非与上文矛盾的做法，因为上文探寻评估标准必须要从制度实践出发，而在制度实践中法律权利才是被关注的对象，制度一般不会直接提及道德权利（事实上，制度中的法律权利也包含着部分道德权利），至少不会以之为名，并且法律权利才是可以与伦理原则（显见义务）平行的概念，毕竟伦理原则中也包含道德权利的内容，如果直接用权利会造成混淆。由于本节是在哲学层面进行分析，所以完全可以放下包袱，从一个综合性的、哲学的"权利"出发，探讨科技与权利的关系。

本书在第2章中将科技伦理评估这个交织着法律判断和道德评价的行为抽离出了权利（和义务）的中介，那么是否可以用同样的思路分析科技与权利的关系？

无论是在哲学意义上还是在法学意义上，权利都是一个非常复杂的概念，但有一点毋庸置疑，权利必然关系价值。在法哲学界，一直存在两种观点：一种观点认为权利源于国家权力，没有国家的授权，一切合理的要求都不会成为权利；另一种观点则认为，权利最终源于人的道德性质，国家权力的授权只是对这种基于道德性质的合理要求的一种认可而已。这两种观点便是实证法学与价值法学的分野，后者极力推崇权利的价值性。同样，在伦理学界，责任伦理和权利伦理之间也有本质的不同：康德认为，虽然个人可以决定他的义务，但权利必须由国家或社会中的其他人来公认。这种公认显然是一种价值认同。更有伦理学家将价值与权利的关系看作伦理学的基本现实问题，他们认为：权利"是对某种可达到的条件的要求","这种条件是个人及其社会为更好地生活所必须的。如果某种东西是好生活中可得且必不可少的因素,那么得到它就是一个人的权利。无论什么东西,只要它对好生活而言是必须的、有价值的,都可以被看作一种权利"[179]。从现代人的直接感知上来说,权利是"有价值的"符合一般大众的普遍认知。

科技发展的终极目的是造福人类,这是一种典型的价值追求,也即所谓的对"好生活"的追求,而关注好生活,就不能不关注人的权利。科技发展至今,作为一种社会建制,其对个人权利所产生的影响已超越了其本身的意义,而进入了哲学探讨的范畴,这种影响又经由价值的中介而使科技和权利成为了一种目的一致的矛盾体。科技所追求的价值与权利的价值性在本质意义上是一体的。从价值角度看,科技与权利都不是主体,二者的共同主体是人,价值在权利中是指权利的价值性,即权利对人是有价值的,具有某种有用性,而有用性虽然以"满足需要"为本体,但当"需要"从个体上升到整体时,其就是"善"的。价值在科技中是指科技所追求的价值,科技追求的价值从根本上而言就是人所追求的价值,在这里,价值与"善"趋于一致。所以,权利的价值和科技所追求的价值本是一体的。

价值是科技与权利关系的中介,是科技与权利保持一致性的基础。虽然科技与权利具有价值一致性的关系,但二者又确实因为科技的发展和权利的诉求而产生着矛盾,所以,为了实现二者共同追求的价值,有必要对二者的矛盾进行调和。洛克主张,道德上的权利和义务优先于法律权利,政府有责任通过法律实施之[110]。本书不讨论道德权利和法律权利何者优先,仅就权利的实现而言,洛克的观点值得注意,权利应当通过法律实现是现代国家的一个本质特征,在法治社会中,对权利的保护必须依赖法律。科技影响权利是不争的事实,在某些情况下,科技的发展背离了科技自身的价值追求也是可能的,而减轻影响、防止背离却是法律应当担负的责任。为了使科技不背离自身价值,且与权利的价值保持一致,在科技伦理评估中必须保护权利,这一观点与第2章从实践出发探讨科技与权利关系得出的结论殊途同归,但第2章并没有指出什么样的权利更重要、更需要保护,这是哲学反思需要解决的问题。

6.2.2 科研自主权的重要地位

探讨科研自主权之前,有必要先辨析其和相近概念的关系,以突出科研自主权的特殊性和该概念的专有性。学术自由、学术自主和学术主权是科研自主权主要的相近概念,本节将先对这三者及其与科研自主权的关系作介绍和比较,在比较的基础上,再从法理出发,探究科研自主权的本质。

学术自由始于中世纪的欧洲大学,但当时的学术自由(libertas scholastica)意指某种特许权[180],其含义与今天所谓的学术自由大相径庭,因为以现在的目光来看,"没有学术自由,重要的教学和研究工作不可能是真正有效的"[181]。近代自然科学发展以来,人们谈论的学术自由总是离不开追求真理,因而狭义上的学术自由一般是指大学和科研机构及其内部从事学术研究的人员不受妨碍地追求真理的自由。这里的不受妨碍主要指不受外界干涉(外界通常指拥有行政权力的政府机构),实现自我控制和管理。恰如瑞典斯德哥尔摩大学的胡森(T. Husen)和德国汉堡大学的波斯尔思韦特(T.N. Postlethwaite)组织编撰的《国际教育百科全书》(International Eneyclopedia of Education)中强调的:"真正的学术自由所要求的并不只是政府不干预学术事务,它还意味着大学控制整个课程、教职员工的任命、详细的预算等。"[182]学术自由可以分为个体和组织两个方面。对于个体而言,它既包括学者的教学和研究自由,也包括学生的学习自由。对于组织而言,它是指大学所享有的独立自主权[183]。就此而言,学术自由和科研自主权差别极大,科研自主权专属于个体,是个体的排他性权利,对个体而言,行政机关是外界,大学也是外界,科研自主权的行使不仅要排除行政权力的干涉,也不能受大学自治权的不当影响,并且科研自主权显然不包括学生的学习自由。

学术自主源自16—17世纪的科学革命及18世纪的启蒙运动,是对追求真理的人及其事业的制度性保障[184]。学术自主和科研自主是相同的概念,但科研自主权不等同于科研自主,科研自主受法律、政策和单位的规章制度保护,而科研自主权作为一种权利,必须由法律规定。科研自主并不意味着与外界分割,事实上,即使不考虑基金资助,科研也要在与社会文化的互动基础上展开,而科研自主权仅涉及两个议题,即个体是否享有科研自主权及个体如何行使科研自主权,与外界的关联仅止于外界是否会影响这两个议题中的内容。

学术主权是指某一研究领域内最高的学术权力,在科学活动中,学术主权的拥有者不但是科学知识的探索者,也是相应成果的发布者和产权人,同时还是相应领域学术规则的制定者和评判人[185]。依照这一概念,学术主权与本书所探讨的科研自主权完全是两个问题,但学术主权会在一定程度上影响科研自主权,如果说行政权力和大学自治权属于外部影响,那么学术共同体内部的这种主权及其异化体就是科研自主权在学术界的天敌。但同时，在学术活动中，学术行动者的"公意"是学术主权的精神和灵魂[186]，所以，如果科研自主权的众多享有者能够形成某种公意，也会对学术主权产生强大的反作用力。

因此，科研自主权尽管与学术自由、学术自主及学术主权都有一定关联，但其仍然是一个独立的概念，认识这一概念显然不能仅从学术自由或学术自主中的权利出发，而要从科研自主权的法理本质出发。

在我国，科研自主权根源于《中华人民共和国宪法》第四十七条，该条规定我国公民"有进行科学研究、文学艺术创作和其他文化活动的自由"，科研自主权包含于公民进行科学研究的自由中，自由进行科学研究是科研自主权概念的实质内容。从科研自主权的这一宪法渊源来看，显然其享有主体不仅是科研人员，而是所有公民。在《中华人民共和国高等教育法》《中华人民共和国科技进步法》等法律中也有关于科研自主权的内容，如《中华人民共和国高等教育法》规定"国家依法保障高等学校中的科学研究、文学艺术创作和其他文化活动的自由。在高等学校中从事科学研究、文学艺术创作和其他文化活动，应当遵守法律"。这一规定是宪法第四十七条在高等教育领域的反映，其既指出科学研究自由受法律保护，又表明从事科学研究要遵守法律。作为一种法定权利，科研自主权的行使既不能不受法律保护，也不能违反法律。

所谓权利是指"规定或隐含在法律规范中，实现于法律关系中的，主体以相对自由的作为或不作为的方式获得利益的一种手段"[120]。这一定义实质是法律权利的定义，今天探讨权利，基本是在法律范畴内探讨，科研自主权正是一种法律权利。根据该定义，要认识科研自主权，可以从主体、行为和法律关系三个层面探讨。

尽管根据宪法可以推导出科研自主权的主体是全体公民，但"权利不仅基于个体自身的特征而得到证明，而且越来越基于共同生活的原则、基于个体和共同体的关系而得到证明"[187]。所以，个体所能享有的科研自主权取决于其和学术共同体的关系，被学术共同体排斥在外的个体，虽然仍享有法律上的科研自主权，却无法完整行使这一权利。因为"讨论一种任何人都没有义务甚至没有能力实现的状况的权利问题，实是毫无意义的"[188]，所以对科研自主权主体的认定要立足于有能力行使这一权利的主体，即进入和可能进入学术共同体的个人。

所谓行使权利，无非作为和不作为两种方式，其载体即是主体的行为。主体以其行为行使科研自主权，作为性的行为是指主体主动积极的行为，不作为性的行为则是指消极静态的行为，与刑法和行政法上的不作为不同，作为法律权利行使的不作为不是不履行前置义务的违法行为，而是权利主体所享有的法律自由。"如果我们说某些行为在法律上是自由的，意思就是说，这些行为在一个确定的范围内是不受法律限制的，主体可以自由地安排自己的行为"[189]。因此，主体行使科研自主权的行为是指在法律允许范围内自由地开展某些研究行为和自由地放弃某些研究行为。

在科研自主权的范围内特定地存在一系列法律关系。首先，从权利—义务角度来看，"在各项立法中，凡设定一项权利与权力，同时也要规定相应的义务与责任"[190]，科研自主权主体所承担义务的指向对象必然会和科研自主权主体形成一对对的法律关系，如科研人员要遵守科研组织的规章制度、实验室的规定，相应地就和科研组织、实验室形成法律关系。其次，"从权利的可行性来看，个人的权利都是公共产品而不是私人物品，因而权利需要公共成本"[191]，科研自主权行使时所要依赖的公共成本必然会反映到一定法律关系中，如主体行使科研自主权通常需要获得国家基金资助，则其和基金拨款机构之间自然存在一种法律关系。最后，"只有在人与人之间的关系中，权利概念才有意义，才可以得以解释""作为关系范畴的权利并不意味着可以随心所欲，权利如同任何其他事物一样，也是有其限度的"[192]，学术共同体中的所有个体都享有科研自主权，都是权利主体，任一主体在行使科研自主权时都会和其他主体产生法律关系，这种法律关系要求特定主体在行使权利时不能超越一定边界，而这个边界在科学研究行为中正是学术共同体所一致认可的规则，包括学术规范和科研伦理的相关要求等。

基于上述分析，可以对科研自主权作如下描述：科研自主权是全体公民所享有的，但通常只有学术共同体中的成员才能完整行使的权利，该权利的实质内容是自由地进行科学研究。权利主体通过自由开展或放弃研究行为的方式实现对该权利的行使，但这种自由同时受到主体和所在组织、资助机构及学术共同体中其他主体之间法律关系的约束。本研究为科技与权利找到了一致的基础——价值，也提出要以法律的手段调和二者之间的矛盾，即在科技发展过程中，注重以法律调节科技活动，保护其中的权利。那么在科技伦理评估中，哪种权利最需要得到保护呢？本书认为，科研人员的科研自主权应当排在首位。

其实从科技与权利的关系所推导出的"保护权利"，不仅包括保护科研人员的科研自主权，也包括保护普通公众的诸多权利，历来的研究往往更关注后者。"很清楚，讲权利是种普遍的实践，甚至控制了我们当今社会和生活的大部分道德内容。在自由和追求幸福基础上对权利的要求不只是远离饥饿和恐慌，人们也要求不要烟雾、要清新空气、远离噪声和其他污染的权利"[193]，这些新的权利要求，几乎每一个都与科技紧密相连，所以科技也必定要积极担当。在这种思路下，以往的大部分研究在讨论科技与权利之间关系时，将视角锁定为公众是可以理解的。但在本书的框架内，在科技伦理评估中，科研人员的科研自主权无疑更为重要：首先，保护评估对象的权利是制约评估权的最重要抓手，权利制约权力的关键就在于权力行使过程中相对方的权利保护；其次，科研自主权是评估对象最重要的权利，没有科研自主权，科研人员无法开展科学研究。下面从正向和反向两个角度对这两点进行分析，阐释科研自主权在科技伦理评估中的重要地位。

"大自然去迫使人类加以解决的最大的问题就是建立起一个普遍法治的公民社会"[194]。经过百余年的发展，法治的意义发生了重大变化，人们不只满足于法的治理的效果，还在追问法的治理的正当性，显然，权利的价值意义为这一追问提供了可能的解答。在现代法治社会中，权利的正当性犹如一种先验理性，不证自明，所以，保护权利就是法的治理正当性的主要根基，尤其是保护治理对象的权利更是现代法治的重要价值表现，而科研人员恰是科技伦理评估这个法治行为的对象。

"法无禁止即可为，法无授权即禁止"，其中涉及对权利的尊重，但同时也表明了权利可以作为一种治理标准，进而可以作为科技伦理评估的标准，特别地可以作为尊重科研人员科研自主权的一个理据。本书所探讨的科技伦理评估并不是评估科研人员的行为是否违法，或者至少不是主要如此，评估的往往是科研人员在"法无禁止"条件下的行为的是非对错，也即在法所不禁的领域里，科研人员可以充分行使其科研自主权，评估主体在评估科研人员的行为时，一般不会考虑其是否有权这么做，而是考虑其这么做是不是对的，进而考虑其这么做的结果是不是优的。"因为权利可被确认或否认，给予或剥夺，让出或放弃，我们能说对错和好坏也同样能这样吗？"[193]显然，对错是无法被给予和剥夺的，能够被给予和剥夺的只能是权利。所以，科技伦理评估的一个很重要的逻辑就是：如果科研人员的行为是错的，结果是差的，其科研自主权将受到限制。只有当科研自主权具有重要价值时，这种限制才具有惩戒和纠错的意义。

"没有无义务的权利,也没有无权利的义务。"[195]从马克思的这一辩证的论断出发,结合科技与权利的关系,或可以为科技伦理评估中尊重科研自主权再提供一个支撑。"权利总是与义务相辅相成的:个人需求的权利会自动地考虑和承认社会中其他个体的相等权利。"[193]科研自主权是科研人员的重要权利,是科研人员在普通公民身份之外的独特权利,这种权利是作为科研人员的特殊主体享有的,一般公众难以享有完整的科研自主权①,但其与一般公众的权利不是对立的,而是融合的。首先,科研人员同样是公民,其享有与其他公民同等的权利;其次,科研人员的公民的身份会使其在享有科研自主权时"自动地考虑和承认"其他公民的一般权利。也即,科研人员的科研自主权会为其自己的、他人的权利服务。因而从实现公民权利的角度来说,科研自主权也是科研人员的义务,而为了实现科研人员的科研自主权,也会在一定场合下、一定程度上使公民权利作出让步。显然这种让步的代价是巨大的,所以在评估科技活动时,更要慎重考虑科研人员的科研自主权,基于"尊重是相互的"基本原理,尊重科研自主权,也意味着科研人员会更加审慎地行使自己的科研自主权。

6.2.3 科研自主权的内涵阐释

尊重科研自主权基础上的科技伦理评估包括要尊重科研人员主体地位,减轻科研人员负担,更加科学和合理地评价科研人员,充分发挥科研人员的创新活力等要点。科研人员的权利保护是尊重科研人员主体地位的必然要求,是激发科研人员创新活力的重要手段,而科研自主权则是科研人员权利保护的重中之重。2018年7月4日召开的国务院常务会议,确定进一步扩大科研人员自主权的措施,更大释放创新活力。会议指出要"充分相信科研人员,尊重人才,赋予他们更大经费使用自主权",在这里虽然提及的是"经费使用自主权",但其根源是科研人员的科研自主权。

在我国,科研自主权源于《宪法》第四十七条,该条规定我国公民拥有进行科学研究的自由。《科技进步法》对科研人员的科研自主权的规定更为具体,其

---

① 根据我国《宪法》的规定,所有公民都享有进行科学研究的自由,但科研自主权的内涵丰富,除了科学研究自由外,还包括获得科研资助、加入学术组织、获得成果收益等许多内容,在大科学时代,一般公众难以一一享有。

他如《中华人民共和国促进科技成果转化法》《深化科技体制改革实施方案》《国家创新驱动发展战略纲要》《国家中长期科技人才发展规划（2010—2020年）》《"十三五"国家科技人才发展规划》等法规和政策都对科研人员的科研自主权作了阐释，结合2018年颁布的《关于深化项目评审、人才评价、机构评估改革的意见》（以下简称《意见》）和《国务院关于优化科研管理提升科研绩效若干措施的通知》（以下简称《通知》），本书对科研人员的科研自主权进行了总结和梳理，更加证实了其是科技伦理评估中所要保护的核心权利。

6.2.3.1 自主选择研究的权利

《科技进步法》第十九条规定："科学技术研究开发机构、高等学校、企业事业组织和公民有权依法自主选择课题，从事基础研究、前沿技术研究和社会公益性技术研究。"结合该法第三十三条、四十三条和六十二条的规定和相关科技法规政策，本研究对科研人员的自主选择研究权作如下分析。

科研人员有自主选择研究领域的权利。《深化科技体制改革实施方案》指出："扩大高等学校、科研院所学术自主权和个人科研选题选择权。"在科学研究精细化和专业化的背景下，每一个专业和学科都有着众多的研究方向，虽然科研人员应当与国家、社会和科研机构的研究需求对接，尽量选择亟待发展的研究领域和研究方向，但至少应当为科研人员提供选择权，允许其根据其个人专长和兴趣选择研究领域，力求使选择权和研究需求二者之间达至平衡。

科研人员有自主选择研究机构的权利。择业是个双向选择的过程，科研人员可以选择自己感兴趣的、能够发挥自己特长的机构工作。科技领域的就业歧视更多的是以学历、职称和背景等方式呈现出来的，《意见》指出："引进海外人才要加强对其海外教育和科研经历的调查验证，不把教育、工作背景简单等同于科研水平"。这一规定显然赋予了科研人员更公平的择业权利，对于消除科研人员就业歧视有积极意义，有助于科研人员实现自主选择研究机构的权利，使双向选择成为现实。

科研人员有自主选择研究课题的权利。研究课题是科研人员进行科技活动的主要依托，也是科研人员获得经费支持的基本渠道，许多科技计划都会发布课题指南，科研人员可以自主选择某项课题进行申报，也可以进行自选题，这就是科研人员对课题的自主选择权。一般来说，作为一个科研机构（高校）的工作人员，科研人员的科研课题要与国家的研究导向和科研机构的发展方向保持一致，但必须允许科研人员根据自身兴趣和专长进行课题的选择和申报。《通知》提出要"赋予科研人员更大技术路线决策权",这就是自主选择课题研究权利的一个体现。

科研人员有自主选择经费使用的权利。习近平总书记曾多次强调经费管理繁琐问题,这一问题也是科研人员反映突出的问题。上文提到的国务院常务会议指出要"充分相信科研人员,尊重人才,赋予他们更大经费使用自主权",《意见》提出"赋予科研单位科研项目经费管理使用自主权"。结合起来看,所谓自主选择经费使用的权利主要有两方面内容,一是精简经费使用的繁琐程序,二是将经费使用的自主权下放到科研单位和科研人员手中,使科技经费主管部门的权限真正由直管变为监管。

科研人员的自主选择研究权的要点是"选择",选择是自由的表现,同时选择又是国家科技计划目标得以实现的保证。课题的发布、研究机构的设立、研究领域的导向和经费的划拨都是国家科技计划的部分内容,在计划的框架内赋予科研人员充分的自主选择权,不但能够激发科研人员的创新活力,也能保证科研总体方向上的正确性和一致性,这是中国特色社会主义制度优越性在科技领域的一个鲜明体现。

6.2.3.2 自主获得知识产权收益的权利

《促进科技成果转化法》第十八条规定"国家设立的研究开发机构、高等院校对其持有的科技成果,可以自主决定转让、许可或者作价投资",《通知》提出允许赋予科研人员对职务科技成果的"所有权或长期使用权"。根据相关法规政策,本研究对科研人员自主获得知识产权收益的权利进行以下两个方面的阐释。

一是科研人员可以根据与所在单位签订的协议决定科技成果的所有权。一般而言,科研人员应用所在单位的设备设施,为完成职务工作而产出的科技成果属于职务科技成果,如《中华人民共和国专利法》规定的"职务发明创造",《中华人民共和国著作权法》《中华人民共和国计算机软件保护条例》规定的"职务作品"等。在《促进科技成果转化法》中,科研人员(完成人和参加人)"在不变更职务科技成果权属的前提下,可以根据与本单位的协议进行该项科技成果的转化,并享有协议规定的权益",而《通知》明确了"协议规定的权益"可以是所有权或长期使用权。《通知》的规定是对知识产权的科学解读,知识产权(intellectual property)原意即为知识财产所有权,长期以来,我国对科研人员知识产权的保护出现了所有权和使用权、收益权等权利的分离,这种对科研人员科技成果所有权的积极探索将更有助于激发科研人员的科研潜力，助力科技发展。

二是自主获得知识产权收益的权利将作为科技评价的一部分。《意见》指出"非涉密的国家科技计划项目成果验收前，应在遵守知识产权保护法律法规的前提下，纳入国家科技报告系统，向社会公开，接受监督"。对这一规定进行解读可知，作为科技评价重要一环的成果验收，要充分尊重对知识产权的保护，并公开接受监督，这极大地加大了对科研人员知识产权的保护力度，如果科研人员不能获得知识产权收益或者获得知识产权收益的权利受到损害，成果验收就不能顺利进行。这可以被看作一种倒逼科研人员知识产权保护的方法。

6.2.3.3 自主加入学术组织的权利

《科技进步法》规定了科研人员享有"依法创办或者参加科学技术社会团体的权利"，《"十三五"国家科技人才发展规划》提出"建立科学规范的学术自治制度，推行第三方评价，拓展社会化、专业化、国际化的评价机制，拓宽科技社团、企业和公众参与评价的渠道"，《意见》在规定科技伦理评估时指出要"把学科领域活跃度和影响力、重要学术组织或期刊任职、研发成果原创性、成果转化效益、科技服务满意度等作为重要评价指标"。根据这些规定，科研人员自主加入学术组织的权利非常重要。

第一，现代社会的学术共同体往往以学术组织的形式组织在一起，具体形式包括各个专门的学会、协会或者常态化的会议等。由于科学的发展越发专业，学术共同体之间往往会形成独特的学术语言，拥有共同的研究范式，共享前沿的研究成果，科研人员必须进入学术组织才能进一步推进自己的研究。所以，自主加入学术组织的权利是科研人员保证自己身份的一个基础和前提。《"十三五"国家科技人才发展规划》支持我国科学家"在国际学术组织担任职务"便是对这种权利的一种实在支持。

第二，由于科技发展得愈发专门化和精细化，只有专业人士才能对某项科技成果的质量进行科学的评价，而专业人士往往是学术组织的成员。所以，《意见》规定"评审专家要强化学术自律，学术共同体要加强学术监督"，同时《意见》规定"在重要学术组织任职"也是评价科研人员的重要指标，这些规定充分考虑到了加入学术组织、加强学术组织的自律性是科技伦理评估客观性和科学性的重要保障。所以，科研人员自主加入学术组织的权利不仅事关科研人员的身份认同，对于科学客观地评价科研人员也特别重要。

6.2.3.4 自主获得公正评价的权利

加入学术组织是客观评价科研人员的一个必要措施，但科研人员要获得公正的评价显然还需要更多的努力，将这种公正评价作为一种权利显然是最根本的做法。科研人员自主获得公正评价的权利可以从两个层面进行分析。

首先，科研人员获得公正评价是一种权利。《深化科技体制改革方案》和《"十三五"国家科技人才发展规划》均规定了职称评定的自主权，将职称评定下放到高校和科研院所等。《科技进步法》《"十三五"国家科技人才发展规划》和《深化科技体制改革实施方案》就曾对同行评议和第三方评价作出过规定，到了《意见》和《通知》，更是对"同行评议机制""第三方评估"进行了比较详细的阐释。这些规定显然赋予了科研人员自主获得公正评价的权利，因为科研人员所在单位更了解科研人员的实际情况、同行是内行、第三方机构和科研人员没有直接的利益关系，这些都是保证评价公正开展的重要手段。但权利之所以是权利，不仅在于主体拥有它，还在于主体可以在权利受到侵害时寻求救济。所以，如果科研人员没有得到公正的评价，其可以采取什么样的措施去救济这一权利也是科研人员获得公正评价权的一部分，将来的政策文件中应对救济程序作出规定。

其次是科研人员如何获得这种公正评价权。打破"唯论文、唯职称、唯学历"的桎梏后，我们必须寻找更为科学的评价方法。《通知》指出要"建立以创新质量和贡献为导向的绩效评价体系，准确评价科研成果的科学价值、技术价值、经济价值、社会价值、文化价值"，从数量到质量，从"帽子"到贡献，这种以"质量和贡献"为导向的评价体系显然是一大进步。但从程序上来说，公正评价权的获得，必须注意三点，即谁来评价、评价什么、如何评价。目前的规定更多地关注第一个问题和最后一个问题，即以同行评议为主，赋予科研组织自主评价的权利，在适当时候引入第三方机制，让同行、科研组织、第三方在质量和贡献的导向下来评价科研人员。但第二个问题"评价什么"尚没有得到妥善解决。是评价科研人员的成果吗？本书认为成果当然是评价的重要客体，但成果并非科研人员开展科技活动的必然产品，在基础研究领域，由于科学的不确定性，未必会产生确定的成果，且如果以成果为唯一评价客体，其实就走入了"唯成果"的误区，会混淆科技成果评价和科研人员评价。本书提出对科研人员的评价主要应对科研人员的行为进行评价，如科研人员是否进行了审慎的实验、是否遵循了研究的一般规律、是否解决了过程中出现的某些难题、是否发挥了积极的指导作用等都应被纳入评价客体，这样才会将科研人员评价和科技成果评价区分开来，评价的客体才会回归科研人员自身。

6.2.4 为了"权利"的反思

权利与科技具有价值一致性，科技伦理评估应当为实现二者共同的价值追求，在法治的框架内保护权利。本书在制度考察和问卷调查中都发现科研人员的科研自主权没有得到应有的重视，而科研自主权是科研人员的"基本权利"，是科研人员区别于普通公众的关键权利。所以，从权利角度出发，科技伦理评估应当注意以下问题。

第一，科技伦理评估的目标与科技发展的目标一致，因而也与权利的诉求一致，可以从权利保护的角度制定评估实施办法和评估指标体系；第二，科研自主权是科研人员的重要权利，在进行伦理评估时必须对其予以充分保护，与之相对应的伦理原则要适当以科研自主权为遵循；第三，科研自主权的内涵丰富，在具体的科技伦理评估中应当具体分析，如在自主选择研究的权利中，要特别抓住"选择"的特性；第四，在科技活动中，当科研人员科研自主权与公众权利发生冲突时，要秉持互相尊重的原则，根据科技活动违反评估标准的实际情况进行判断与处理。

最后需要指出的是，本书对于评估标准中伦理原则和法律权利的结合还可以从哲学上得到印证。例如本章提出的公平和权利，其实是具有内在联系的，约翰·斯图亚特·穆勒（John Stuart Mill）提出的公正观念中有一种道德的公正，即维护任何人按道德权利应得的东西，而公平的本质是平等权，在现代社会，这一权利早已被法律所确认而成为一种法律权利。因此，伦理原则就其本质而言，很多都与权利相关，或内在地蕴含某种权利，且这些权利很多又已经是法律权利，所以，本书提出的将伦理原则和法律权利结合的评估标准无论在实践上还是理论上都是可行的。

7 结语

时至今日，对科技的理性反思早已不是单纯的外周式批判，而是渗入科技发展本身的由内而外的纠问。然而，即使是最激进的批判者也无法否认科技确实给人类社会带来了诸多便利，真正让人担心的其实是由于科技发展的速度超过了人类反思的速度，人类未来有可能无法控制科技发展的方向。一切源于一个事实：科技列车并非在既定的轨道上向前行驶的，人类铺设轨道的速度无法跟上科技发展的速度，也不一定能铺设出适合科技车轮的轨道，所以，对于科技的理性发展，我们所能做的就是寻求恰当的时机在科技列车前方设置提醒减速的指示牌，当轨道铺设的距离落后不多、质量大致相当时再撤去指示牌。所以，本书认为科技哲学的研究，包括科学学、科学社会学、科学技术与社会、科技法学和科技伦理学都是在为设置出科学合理的减速指示牌而努力。

尽管人类一直希望能够窥探未来，但未来总是不确定的，只有在回望过去时，才发现更能让人把握的是已经成功的经验。现在的科技伦理原则与几十年前相比并没有变化多少，而几十年前的伦理原则也是几百年前甚至上千年前人类伦理经验的合理变体，法律及其中的权利也是如此。以当代发展最迅速的信息科技为例，其所需要遵循的伦理原则没有多少变化，其产生的"新的"法律权利也没有什么新意——诸如可携带权、被遗忘权、信息产权等"新的"权利，法律对它们的保护和规范仍然保持了与对待人格权、知识产权、财产权这些成熟权利相似的模样，甚至更直白地说，这些新的权利在本质上与某些固有的人权并无二致。我们并没有更好的办法可以去解决这种"变化"，也无需立即寻找新的办法去应对这种"不变"，对固有经验进行现实语境下的改革创新是一个可选的策略。

科技伦理评估也不外如是，但本书在努力尝试突破。科技伦理评估是科技伦理和科技政策（法）的交叉研究，一偏理论一重实践，科技伦理评估就是理论与实践的结合，故而本研究在分析时采用了理论论证和实证分析两步法。科技政策（法）和科技伦理都是直接面向科技的，前者往往更注重科技发展的成果或效果，后者则更关注科技发展的方向和价值，从这个意义上说，二者既是制度与伦理的代表，又是微观与宏观的界分，在这两个层面上对科技发展进行检视显然会构成一个立体的结构。建构框架的意义在于使科技的发展可以在一个既定的地理环境中进行，从指示牌的设置发展到框架的构建，就是本书的一个尝试。

虽然本书已经构建了一个相对比较完整的科技伦理评估框架，并进行了修正和完善，但缺憾总是存在的：通过法律权利的保护情况来选定"显见"科技伦理原则

第 7 章 结 语

的尝试并不是非常成功的,虽然本书一直在努力采用科学的研究方法帮助选定,但囿于理论水平,最终的结果不能说是完全令人信服的;对于科技活动伦理评估框架的检验完善虽然采用了比较合理的方法,但毕竟不如直接将框架应用于评估活动中来的更科学和更能发现问题;关于科技伦理评估的哲学反思显然不只是本书所探讨的内容,而且本书所探讨的内容也很难说是最重要的,更大的遗憾在于将哲学思考融入评估框架的努力尚有诸多不足。此外,一个难以辩解的缺陷是,第3章收集到的资料是海量的,但分析还是浅陋的,这当然有资料太多太复杂的客观原因,但作者对数据分析技术掌握得不够熟练也是造成这一缺陷的关键原因。

最后重申构建科技伦理评估框架的意义:科技理性发展是人类追求幸福的必要途径,科技伦理评估是规范科技发展的重要保障,人类从重视科技的效果到重视科技的伦理影响是追求自身幸福的必然选择。科技伦理评估框架的构建是对这一选择的回应。

附录

附录一：图表目录

1. 图示目录

图 1-1　国内外研究中伦理评估框架示意图

图 1-2　评估框架技术路线图

图 1-3　本书技术路线图

图 1-4　本书总体框架示意图

图 3-1　中国科技伦理法规制定趋势图

图 3-2　欧盟科技伦理法规分类统计图

图 3-3　美国和中国科技伦理法规制定趋势对比图

图 3-4　中国大陆和台湾地区提及科技伦理关键词的判例趋势图

图 3-5　美国提及科技伦理关键词的判例趋势图

图 4-1　评估中的权—权关系示意图

图 4-2　科技伦理评估框架各元素组合示意图

图 4-3　科技伦理评估内外标准示意图

图 4-4　科技伦理评估治理示意图

图 4-5　科技伦理评估框架示意图

2. 表格目录

表 3-1　中国科技伦理法规数量统计表

表 3-2　1999—2017年中国部分科技伦理法规统计表

表 3-3　美国科技伦理法规分类统计表

表 3-4　美国科技伦理法规部分主题统计表（截至2016年）

表 3-5　美国和欧盟部分科技伦理法规统计表

表 3-6　中国大陆提及科技伦理关键词的判例统计表

表 3-7　中国香港特别行政区、澳门特别行政区提及科技伦理关键词的判例统计表

表 3-8　中国台湾地区提及科技伦理关键词的判例统计表

表 3-9　中国大陆和台湾地区部分提及科技伦理关键词的判例统计表（大陆数据更新至2018年）

表 3-10　中国大陆提及科技伦理关键词的判例案由统计表（截至

2018年）

表3-11 中国台湾地区提及科技伦理关键词的判例案由统计表（截至2017年）

表3-12 欧盟提及科技伦理关键词的判例统计表

表3-13 美国提及科技伦理关键词的部分判例统计表

表3-14 2010—2017年欧盟、美国部分提及科技伦理关键词的判例统计表

表4-1 "显见"科技伦理原则分类

表4-2 权利主体法律权利分类

表4-3 科技伦理评估标准

表5-1 公众科技伦理选择量表的设计

表5-2 问卷分析：旋转后的成分矩阵[a]

表5-3 问卷分析：均值报告

表5-4 问卷分析：配对检验报告

表5-5 问卷分析：相关性报告

附录二：公众科技伦理选择问卷

公众科技伦理选择问卷

亲爱的朋友：

感谢您参加公众科技伦理选择问卷调查，此次调查旨在了解您对科技伦理的态度和对科技行为的评价。问卷采用匿名填写形式，我们将对您的问卷答案严格保密，只作为统计和研究材料使用。请您认真、如实填写问卷，感谢您的积极参与和支持！

个人基本信息
职业：（1）科研人员（选择此项请停止作答）（2）非科研人员
性别：（1）男（2）女
学历：（1）专科及以下（2）大学本科（3）硕士及以上
年龄：（1）20岁及以下（2）21~30岁（3）31~40岁（4）41~50岁（5）51岁及以上

一、以下题目选项从（1）到（5）分别代表非常不同意、比较不同意、不确定、比较同意、非常同意，请选择一个。

1. 科研人员要遵守科技行业道德准则。

（1）（2）（3）（4）（5）

2. 科研人员要对社会负责。

（1）（2）（3）（4）（5）

3. 科技行为应同时符合伦理和法律的要求。

（1）（2）（3）（4）（5）

4. 科技伦理需要法律的规范。

（1）（2）（3）（4）（5）

二、以下题目选项从（1）到（5）分别代表非常不认同、比较不认同、持中立态度、比较认同、非常认同，请选择一个。

5. 甲（科学家）患有不治之症，在自己身上做某种可能会增强身体机能的基因治疗实验。

（1）（2）（3）（4）（5）

6. 甲的家人患病，甲在医院使用已经超过法律规定期限的胚胎干细胞研究治病方法。

（1）（2）（3）（4）（5）

7. 甲发明安乐死的药物，在自愿接受安乐死的绝症病人身上做实验。

（1）（2）（3）（4）（5）

8. 为了国家安全，甲接受国家命令研究监控他人信息的方法。

（1）（2）（3）（4）（5）

9. 为了获得更多利润，甲在某企业的产品研发中不重视污染防治。

（1）（2）（3）（4）（5）

10. 甲已50多岁，为了在退休前晋升教授，篡改实验数据发表论文。

（1）（2）（3）（4）（5）

11. 甲经不住多年好友的哀求，瞒住同事将实验室的部分研究成果泄露给了好友。

（1）（2）（3）（4）（5）

12. 甲因为研究需要而使用动物进行实验，但因实验室条件所限，未对动物进行麻醉即开展实验。

（1）（2）（3）（4）（5）

问卷到此结束，感谢您的参与！

参考文献

[1] COOK-DEEGAN R. The gene wars: science, politics and the human genome [M]. New York/London: Norton,1995:237-238.

[2] 雅克·蒂洛,基思·克拉斯曼. 伦理学与生活[M]. 程立显,刘建,译. 北京:世界图书出版公司, 2008.

[3] 马建中,章辉煌,木皆. 美国物理学会定向能武器科技评估组的实施概要和主要结论[J]. 激光与光电子学进展, 1988(1):1-8.

[4] 肖巍. 要重视科技评估[J]. 探索与争鸣, 1995(3):30.

[5] 卢进. 我国科技评估体系建设初探[J]. 广东科技, 2001(7):46-48.

[6] 谈毅,仝允桓. 建构性技术评价:一种新的技术管理模式[J]. 研究与发展管理, 2005(4):1-7.

[7] 杨慧民. 论我国科技评估体系中的伦理之维缺失问题[J]. 理论与改革, 2007(4):105-108.

[8] 欧阳进良,张俊清,李有平. 我国科技评估与评价实践的分析与探讨[J]. 中国科技论坛, 2010(5):5-8, 35.

[9] 陈强,胡焕焕,鲍悦华. 科技评估标准:国外的经验与启示[J]. 中国科技论坛, 2012(5):22-28.

[10] 孙岩. 科学技术社会评估引论[J]. 科学技术哲学研究, 2012, 29(2):92-96.

[11] 李世新. 开展STS研究促进技术评估发展——"STS与技术评估"学术研讨会综述[J]. 哲学动态, 2012(5):107-108.

[12] 李萌. 深化科技体制改革 推进科技评估工作[J]. 中国行政管理, 2016(12):6-7.

[13] 曹诗嘉,孙占辉,程明,等. 美日科技评估体系比较[J]. 世界科技研究与发展, 2021, 43(2):204-215.

[14] 谭春辉,谢荣,刘倩. 政策工具视角下的我国科技评估政策文本量化研究[J]. 情报杂志, 2020, 39(10):181-190.

[15] 国家国防科技工业局军工项目审核中心. 科技项目评估实务[M]. 北京:北京理工大学出版社, 2020.

[16] 国家科技评估中心,中国科技评估与成果管理研究会. 科技评估方法与实务[M]. 北京:北京理工大学出版社, 2019.

[17] 青岛市科学技术局. 科技成果标准化评价理论与实务[M]. 北京:知识产权出版社, 2018.

[18] 陆娇,毛开云,赵晓勤. 国际科技评估方法与实践[M]. 北京:科学出版社, 2017.

[19] 倪渊,张健. 区域科技创新人才政策效果评估:基于北京市微观数据[M]. 北京:经济管理出版社, 2020.

[20] 王再进. 中国科技创新政策评估研究[M]. 北京:经济科学出版社, 2019.

[21] 张德昭,杨庆峰,石敦国. 论伦理评价对科学技术的张力[J]. 自然辩证法研究, 2002(1):31-33.

[22] 韩跃红. 生命伦理评价中的方法论问题探讨[J]. 自然辩证法研究, 2003,

19(1):93-96, 98.

[23] 张恒力, 胡新和. 工程风险的伦理评价[J]. 科学技术哲学研究, 2010, 27(2):99-103.

[24] 陈爱华. 论现代科技伦理实体行为的伦理评价机制[J]. 伦理学研究, 2016(5):101-107.

[25] 肖显静. 伦理视域中的中国转基因水稻风险评价[J]. 兰州大学学报(社会科学版), 2015, 43(4):111-113.

[26] 王国豫, 李磊. 工程可行性研究的公众可接受性向度[J]. 自然辩证法通讯, 2016, 38(3):92-98.

[27] 崔伟奇, 程倩春. 论科技研究伦理政策建设的价值基础[J]. 自然辩证法研究, 2019, 35(12):45-51.

[28] 潘建红, 上官春晓. 约束与选择: 现代科技伦理问题的制度探索[J]. 自然辩证法研究, 2014(12):49-55.

[29] 许志伟. 生命伦理对当代生命科技的道德评估[M]. 北京: 中国社会科学出版社, 2006.

[30] DUNNE T. Bernard Lonergan (1904—1984) [EB/OL]. [2022-09-30].http://www.iep.utm.edu/lonergan/.

[31] LONERGAN B. Insigt: a study of human understanding[M].London: A. Wheaton & Co. Ltd., 1958:271-278.

[32] BERNARD LONERGAN. Method in theology[M]. Toronto: University of Toronto Press, 2003: 133.

[33] 萧宏恩, 吴志鸿, 潘玉爱, 等. 科技伦理: 走在钢索上的幸福[M]. 台北: 新文京开发出版股份有限公司, 2006:78-84.

[34] FOX R, DEMARCO J. Moral reasoning: aphilosophical approach to applied ethics[M]. Chicago: Holt, Rinehart, and Winston, 1990.

[35] BIAGETTI M T, GEDUTIS A, MA L. Ethical theories in research evaluation: an exploratory[J]. Scholarly Assessment Reports, 2020, 2(1): 1-9.

[36] VENABLE J, PRIES-HEJE J, BASKERVILLE R. FEDS: a framework for evaluation in design science research [J]. European Journal of Information Systems, 2016, 25(1):77-89.

[37] ALKHATIB O J, ABDOU A. An ethical (descriptive) framework for judgment of actions and decisions in the construction industry and engineering–part I[J]. Science and Engineering Ethics, 2018(24): 585-606.

[38] JONES S A, MICHELFELDER D, NAIR I. Engineering managers and sustainable systems: the need for and challenges of using an ethical framework for transformative leadership [J]. Journal of Cleaner Production, 2017(140):205-212.

[39] FORMOSA P, WILSON M, RICHARDS D. A principlist framework for cybersecurity ethics[J]. Computers & Security, 2021(109): 102382.

[40] HAUGEN A S, BREMER S, KAISER M. Weaknesses in the ethical framework of aquaculture related standards[J]. Marine policy, 2017（75）: 11-18.

[41] TAMBONE V, GHILARDI G. An ethical evaluation methodology for clinical cases [J].Persona Y Bioética, 2016（20）: 48-61.

[42] ARAMESH K. An ethical framework for global governance for health research[M].Berlin: Springer, 2019.

[43] KATZ C L, LAHEY T P, CAMPBELL H T. An ethical framework for global psychiatry[J]. Annals of Global Health, 2014, 80(2):146-151.

[44] NAZILA A, JEAN-ERIC T, DARIA O, et al. Steps toward improving ethical evaluation in health technology assessment: aproposed framework [J]. BMC Medical Ethics, 2016, 17(1):1-16.

[45] MACQUEEN K M, ELEY N T, FRICK M, et al. Developing a framework for evaluating ethical outcomes of good participatory practices in TB clinical drug trials [J]. Journal of Empirical Research on Human Research Ethics, 2016, 11(3):203.

[46] JOSEPINE F, PHILIP B, BERND S. Setting future ethical standards for ICT, big data, AI and robotics: the contribution of three European projects[J]. The ORBIT Journal, 2019(1): 1-8.

[47] VALERA L, TERRANOVA C. An ethical dilemma in the field of gynecology [J]. Persona Y Bioética, 2016, 20(1): 62-69.

[48] BUNNIK E M, BODEGOM L V, PINXTEN W, et al. Ethical framework for the detection, management and communication of incidental findings in imaging studies, building on an interview study of researchers' practices and perspectives [J]. BMC Medical Ethics, 2017, 18(1):10.

[49] MANNHEIMER S, HULL E A. Sharing selves: developing an ethical framework for curating social media data[C].Edinburgh: International Digital Curation Conference(IDCC), 2017.

[50] AJUNWA I, CRAWFORD K, FORD J S. Health and big data: an ethical framework for health information collection by corporate wellness programs [J]. Journal of Law Medicine & Ethics, 2016, 44(3):474.

[51] KELLY P, MARSHALL S J, BADLAND H, et al. An ethical framework for automated, wearable cameras in health behavior research [J]. American Journal of Preventive Medicine, 2013, 44(3):314-319.

[52] VAYENA E, GASSER U, WOOD A, et al. Elements of a new ethical framework for big data research [J]. Washington & Lee Law Review, 2016, 72(3):420-441.

[53] ADAMS P, HEWITSON B, VAUGHN C, et al. Call for an ethical framework for climate services [J]. Boletín - Organización Meteorológica Mundial, 2015(64): 52-54.

[54] FRIEDMAN A, LOH L, EVERT J. Developing an ethical framework for short-term international dental and medical activities [J].Journal of the American College of Dentists, 2014, 81(1):8-15.

[55] MARTIN R. Public health ethics and SARS: seeking an ethical framework to global public health practice [J/OL]. Law, Social Justice & Global Development Journal (LGD), 2004 (1):4-1［2023-09-01］.http://elj.warwick.ac.uk/global/issue/2004-1/martin.html.

[56] ARAMESH K. An ethical framework for global governance for health research[D]. Pittsburgh:Duquesne University, 2017.

[57] MESSICK S. Meaning and values in test validation: the science and ethics of assessment [J]. Educational Researcher, 1989, 18(2):5-11.

[58] VERRAX F. Engineering ethics and post-normal science: a French perspective [J/OL].Futures, 2017,91(1):76-79［2023-09-01］. http://dx.doi.org/doi:10.1016/j.futures.2017.01.009.

[59] FADEN R R, KASS N E, GOODMAN S N, et al. An ethics framework for a learning health care system: adeparture from traditional research ethics and clinical ethics [J]. The Hastings Center Report, 2013, 43(s1):S16.

[60] AUTTI-RÄMÖ I, MÄKELÄ M. Ethical evaluation in health technology assessment reports: an eclectic approach [J]. International Journal of Technology Assessment in Health Care, 2007, 23(1):1–8.

[61] THOMPSON A K, FAITH K, GIBSON J L, et al. Pandemic influenza preparedness: an ethical framework to guide decision-making[J]. BMC Medical Ethics,2006, 7(1):1-11.

[62] 张扬. 对现代科技的伦理预见和伦理评价[J]. 自然辩证法研究, 2004, 20(2):65-68.

[63] 史春薇, 赵杉林, 陈平, 等. 科技期刊注重科技伦理评估的做法及实例分析[J]. 中国科技期刊研究, 2015, 26(9):931-934.

[64] 朱勤, 王前. 欧美工程风险伦理评价研究述评[J]. 哲学动态, 2010(9):41-47.

[65] 杨阳. 卫生技术评估中的伦理评估及其意义[J]. 自然辩证法研究, 2016(8):68-72.

[66] 李杨. 科技伦理研究的三重向度[J]. 大连理工大学学报(社会科学版), 2013, 34(2):103-107.

[67] 林丹, 洪晓楠. 论科学伦理道德规范的3H模式[J]. 自然辩证法研究, 2013(2):88-92.

[68] 何菁. 工程伦理生成的道德哲学分析[J]. 道德与文明, 2013(1):121-125.

[69] 李世新. 对几种工程伦理观的评析[J]. 哲学动态, 2004(3):35-39.

[70] 郭芝叶, 文成伟. 技术的三个内在伦理维度[J]. 自然辩证法研究, 2011(5):41-46.

[71] 邓锦琳. 现代科学技术发展的伦理诉求与法律问责[J]. 社会科学研究, 2003(4):11-12.

[72] 刘长秋. 科研伦理法律化研究——以科研反腐为分析的主线[J]. 青海社会科学, 2013(1):86-90.

[73] 王少. 权利视角下科研不端治理研究——以隐私权为中心[J]. 自然辩证法通讯, 2017(6):89-95.

[74] 辅仁大学专业伦理课程委员会. "专业伦理"共同科教学参考论文集（二）[M]. 台北:辅仁大学出版社, 1998.

[75] 萧宏恩. 医事伦理新论[M]. 台北:五南图书公司, 2004:6.

[76] 刘宏恩. 基因科技伦理与法律[M]. 台北:五南图书公司, 2009.

[77] 吴海江. "科技"一词的创用及其对中国科学与技术发展的影响[J]. 科学技术哲学研究, 2006, 23(5):88-93.

[78] 裴桂清. 行政决策的伦理评估程序与方法[J]. 中国行政管理, 2004(8):59-61.

[79] REST J R. Moral development: advances in research and theory[M]. New York: Praeger, 1986.

[80] 张莉莉, 方玉东, 杨德才, 等. 我国科研伦理调查综述[J]. 中国科学基金, 2013(4):210-213.

[81] 王学川. 现代科技伦理学[M]. 北京:清华大学出版社, 2009.

[82] 胡忆蓓, 艾立勤, 尤淑如. 专业伦理教学手册[Z]. 台北:辅仁大学专业课程伦理委员会, 1998:47-48.

[83] 陈银飞, 茅宁. 心理距离、伦理判断与供应商伦理管理[J]. 管理科学, 2014(3):83-92.

[84] 严进, 楼春华. 时间距离提高伦理判断[J]. 心理科学, 2015(4):905.

[85] BRAUNACK-MAYER A J. Ethics and health technology assessment: handmaiden and/or critic?[J].International Journal of Technology Assessment in Health Care, 2006,22(3):307-312.

[86] 孟德斯鸠. 论法的精神（上册）[M]. 张雁深, 译. 北京:商务印书馆, 1982.

[87] UNDERWOOD R L. Book reviews: shame, exposure and privacy. Carl D. Schneider[J]. The Journal of Religion,1980, 60(3): 362-364.

[88] WARREN S D, BRANDEIS LD. The right to privary[J].Harvard Law Review, 1890, 4(3):193-220.

[89] ASGHARI M, MOLOUDIZARGARI H M, ABDOLLAHI M. Misconduct in research and publication: a dilemma that is taking place[J]. Iranian Biomedical Journal, 2017, 21(4): 203-204.

[90] 张新宝. 隐私权的法律保护[M]. 北京:群众出版社, 2004: 85-87.

[91] The Office of Research Integrity. About ORI[EB/OL]. [2022-09-30].https://ori.hhs.gov/about-ori.

[92] The Office of Research Integrity. Federal research misconduct policy[EB/OL]. [2022-09-30].https://ori.hhs.gov/federalresearch-misconduct-policy.

[93] 王利明. 隐私权概念的再界定[J]. 法学家, 2012（1）:108-120,178.

[94] TAYLOR P W. Problems of moral philosophy [M].Belmont:Dickenson, 1972: 137.

[95] FAGOTHEY A. Right and reason [M].Louis: C.V. Mosby, 1985:114.

[96] ROSS W D. The right and the good [M]. New York: Oxford University Press, 1930.

[97] 王臣瑞. 伦理学:理论与实践[M]. 台北:台湾学生书局, 1995:5.

[98] 刘恒山. 彼得·辛格生命伦理思想研究[D]. 长沙:湖南师范大学, 2013: Ⅱ-Ⅲ.

[99] 段伟文. 科技伦理:从理论框架到实践建构[J]. 天津社会科学, 2008（4）:36-41.

[100] SHRADER-FRECHETTE K. Ethics of scientific research [M].Lanham: Rowman & Littlefield, 1994:46-48.

[101] E.博登海默. 法理学:法律哲学与法律方法[M]. 邓正来, 译. 北京:中国政法大学出版社, 2010:324.

[102] RESNIK D B. The ethics of science: an introduction [M]. London,New York: Routledge, 1998.

[103] 林火旺. 伦理学[M]. 台北:五南图书公司, 2001:9.

[104] Genetic Alliance, The New York-Mid-Atlantic Consortium for Genetic and Newborn Screening Services. Understanding genetics: a New York, Mid-Atlantic guide for patients and health professionals[M].Washington D.C.: Genetic Alliance, 2009.

[105] YESLEY M S. What's ELSI got to do with it ? Bioethics and the human genome project [J].New Genetics and Society,2008 (1):1-6.

[106] 邱仁宗. 国际人类基因组组织(HUGO)关于遗传研究正当行为的声明[J]. 自然辩证法通讯, 1999(4):70.

[107] 张文显. 20世纪西方法哲学思潮研究[M]. 北京:法律出版社, 2006:336.

[108] 弗兰克. 社会的精神基础[M]. 王永, 译. 上海:生活·读书·新知三联书店, 2003:99.

[109] BOGGS V. Duncan-Shell Furniture Co., 143 N. W. 482(Iowa, 1913).

[110] 乔治·霍兰·萨拜因, 托马斯·兰敦·索尔森. 政治学说史（下册）[M]. 刘山, 译. 北京:商务印书馆, 1986:590.

[111] 弗里德里希·包尔生. 伦理学体系[M]. 何怀宏, 廖申白, 译. 北京:中国社会科学出版社, 1988:547.

[112] 黑格尔. 法哲学原理[M]. 范扬, 张启泰, 译. 北京: 商务印书馆, 1961.

[113] 康德. 法的形而上学原理: 权利的科学[M]. 沈叔平, 译. 北京: 商务印书馆, 1991:23-24.

[114] 翟晓梅, 邱仁宗. 合成生物学: 伦理和管治问题[J]. 科学与社会, 2014(4):43-52.

[115] 中共中央马克思恩格斯列宁斯大林著作编译局. 马克思恩格斯全集（第十九卷）[M]. 北京: 人民出版社, 1965:30.

[116] 弗里德曼. 法律制度[M]. 北京: 中国政法大学出版社, 1994:25.

[117] 黄小茹. ELSI研究的进展与趋势[J]. 科学与社会, 2012（1）: 65.

[118] 沈宗灵. 法理学[M]. 北京: 北京大学出版社, 2000:129.

[119] 苏力. 送法下乡——中国基层司法制度研究[M]. 北京: 中国政法大学出版社, 2001:14.

[120] 张文显. 法理学[M]. 北京: 法律出版社, 2011.

[121] 何勤华. 法的移植与法的本土化[J]. 中国法学, 2002(3):3-15.

[122] 沈宗灵. 论法律移植和比较法学[J]. 外国法译评, 1995(1):1.

[123] 贺航洲. 论法律移植与经济法制建设[M]. 中国法学, 1992 (5):50.

[124] 阿兰·沃森. 法律移植论[J]. 贺卫方, 译. 比较法研究, 1989(1):63.

[125] 贺卫方. 比较法律文化的方法论问题[J]. 中外法学, 1992(1):31.

[126] 克利福德·吉尔茨. 地方性知识: 事实与法律的比较透视[M]//梁治平. 法律的文化解释. 北京: 生活·读书·新知三联书店, 1994.

[127] 苏力. 法治及其本土资源[M]. 北京: 中国政法大学出版社, 1996:24.

[128] 胡建淼. 行政法学[M]. 北京: 法律出版社, 2010:67.

[129] 戴维·M. 沃克. 牛津法律大辞典[M]. 李双元, 译. 北京: 法律出版社, 2003:787.

[130] 列奥·施特劳斯, 约瑟夫·克罗波西. 政治哲学史[M]. 李天然, 译. 石家庄: 河北人民出版社, 1993:695.

[131] 李侠, 邢润川. 论科技政策制定主体的变迁与模型选择[J]. 自然辩证法研究, 2001(11):27-31, 67.

[132] M BRIDGSTOCK, D BURCH, J FORGE, 等. 科学技术与社会导论[M]. 刘立, 译. 北京: 清华大学出版社, 2005:247-251.

[133] MC COOK A. Duke frand case highlights financial risks for universities[J]. Science, 2016,353(6303):977-978.

[134] 王阳, 彭程. 从艾滋病毒发现权之争调查到科学不端行为调查——盖洛案例的调查历史研究[J]. 自然辩证法通讯, 2014,36（1）:162-167.

[135] ALEXY R. Constitutional rights and proportionality[J].Revus-Journal for Constitutional Theory and Philosophy of Law, 2014(22): 51-65.

[136] 宋克明. 美英新闻法制与管理[M]. 北京: 中国民主法制出版社, 1998: 31.

[137] 程啸. 共同侵权行为人的连带赔偿责任[M]//王利明. 人身损害赔偿疑难问题——最高法院人身损害赔偿司法解释之评论与展望. 北京: 中国社会科学出版

社, 2004:168-187.

[138] 柏拉图. 理想国[M]. 郭斌和, 张竹明, 译. 北京: 商务印书馆, 1986:19.

[139] 亚里士多德. 尼各马可伦理学[M]. 廖申白, 译. 北京: 商务印书馆, 2003:128-140.

[140] 洋龙. 平等与公平、正义、公正之比较[J]. 文史哲, 2004(4):145.

[141] 约翰·罗尔斯. 正义论[M]. 何包钢, 廖申白, 译. 北京: 中国社会科学出版社, 2009:237.

[142] 迈克尔·沃尔泽. 正义诸领域[M]. 褚松燕, 译. 南京: 译林出版社, 2002:35-36.

[143] 罗纳德·德沃金. 原则问题[M]. 张国清, 译. 南京: 江苏人民出版社, 2005:287.

[144] 徐大建. 西方公平正义思想的演变及启示[J]. 上海财经大学学报, 2012(6):5.

[145] ARISTOTLE. Nicomachean ethics[M]. London: Penguin Books, 1976:188.

[146] 中共中央马克思恩格斯列宁斯大林著作编译局. 马克思恩格斯全集（第三卷）[M]. 北京: 人民出版社, 1995:212.

[147] 李景平, 王永香. 马克思与罗尔斯公平正义观的比较研究[J]. 理论学刊, 2012(10):55.

[148] 中共中央马克思恩格斯列宁斯大林著作编译局. 马克思恩格斯全集（第十八卷）[M]. 北京: 人民出版社, 1995:310.

[149] 赵笑蕾. 近年来社会公平、正义相关研究观点综述[J]. 兰州学刊, 2010(8):23.

[150] 大卫·休谟. 人性论[M]. 关文运, 译. 北京: 商务印书馆, 1980:509.

[151] 尤尔根·哈贝马斯. 包容他者[M]. 曹卫东, 译. 上海: 上海人民出版社, 2003.

[152] 潘自勉. 在价值与规范之间[J]. 哲学研究, 2005(1):89.

[153] MERTON R K. The sociology of science: theoretical and empirical investigations[M]. Chicago: University of Chicago Press, 1973.

[154] SZTOMPKA P, MERTON R K. An intellectual profile[M]. London: Macmillan Education ltd., 1986:51.

[155] CETINA K K. Merton's sociology of science: the first and last sociology of science?[J]. Contemporary Sociology, 1991(20): 524.

[156] 托马斯·库恩. 必要的张力——科学的传统与变革论文选[M]. 范岱年, 纪树立, 译. 北京: 北京大学出版社, 2004:xi.

[157] 罗伯特·K. 默顿. 社会研究与社会政策[M]. 林聚任, 译. 北京: 生活·读书·新知三联书店, 2001:7.

[158] 杰里·加斯顿. 科学的社会运行[M]. 顾昕, 柯礼文, 朱锐, 译. 北京: 光明日报出版社, 1988:221.

[159] R. K. 默顿. 科学社会学[M]. 鲁旭东, 林聚任, 译. 北京: 商务印书馆, 2003.

[160] HAGSTROM W O. The scientific community [M]. New York: Basic Books, 1965:12-20.

[161] STORER N W. The social system of science[M]. New York: Holt, Rinehart, and

Winson, 1966: 56-75.

[162] ADAMS R M. Motive utilitarianism[J]. The Journal of Philosophy, 1976,73(14):467.

[163] 亚里士多德. 物理学[M]. 张竹明, 译. 北京:商务印书馆, 1982:45.

[164] 中国社会科学院语言研究所. 现代汉语词典[M]. 商务印书馆, 2012:923.

[165] LASK E, RADBRUCH G, DABIN J. The legal philosophies of lask, Radbruch and Dabin[M]. Trans. by K Wilk. Oxfordshire: Oxford University Press,1950:90-91.

[166] 罗伯特·金·默顿. 十七世纪英格兰的科学、技术与社会[M]. 范岱年, 译. 北京:商务印书馆, 2000:287.

[167] 张千帆. 宪法学导论[M]. 北京:法律出版社, 2014:503.

[168] 尚智丛. 科学社会学——方法与理论基础[M]. 北京:高等教育出版社, 2008:207.

[169] 中共中央马克思恩格斯列宁斯大林著作编译局. 马克思恩格斯全集(第四十六卷)[M].北京:人民出版社, 1980:211-220.

[170] PIKETTY T. Capital in the Twenty-First century[M]. Cambridge: The Belknap Press of Harvard University Press, 2014:21-22.

[171] ROTMAN D.Technology and inequality[J/OL]. MIT Technology Review, 2014, 117(6):52-60[2017-09-30]. https://www.technologyreview.com/s/531726/technology-and-inequality/.

[172] 殷登祥. 科学、技术与社会概论[M]. 广州:广东教育出版社, 2007:178-179.

[173] 陈剑. 2015年我国社会消费品零售总额同比增长10.7%[EB/OL]. [2023-09-30]. http://news.xinhuanet.com/finance/2016-01/19/c_1117822028.htm.

[174] 电商时报. 淘宝天猫双十一收官, 销售额突破900亿[EB/OL]. [2023-09-30]. http://mt. sohu. com/20151201/n429134906. shtml.

[175] LIAO S M. Could deep brain stimulation fortify soldiers' minds?[EB/OL].[2023-09-04]. https://blogs.scientificamerican.com/mind-guest-blog/could-deep-brain-stimulation-fortify-soldiers-minds/.

[176] 余涌. 边沁论权利[J]. 道德与文明, 2000(2): 30-34.

[177] 托马斯·希尔·格林. 关于政治义务原理的演讲[M]. 北京:社会科学文献出版社, 2018:113.

[178] 威廉·K.弗兰克纳. 善的求索——道德哲学导论[M]. 沈阳:辽宁人民出版社, 1987:125-126.

[179] R.T.诺兰. 伦理学与现实生活[M]. 姚新中, 译. 北京:华夏出版社, 1988:17.

[180] 张斧. 中世纪大学之"学术自由"辨析[J]. 北京大学教育评论, 2017, 15(1):89-106, 189-190.

[181] 菲利普·G.阿特巴赫. 变革中的学术职业——比较的视角[M]. 青岛:中国海洋大学出版社, 2006:206.

[182] 岑国桢.国际教育百科全书(第五卷)[M].贵阳:贵州教育出版社,1990:572.

[183] 王洪才,刘隽颖.学术自由:现代大学制度的奠基石[J].复旦教育论坛,2016,14(1):50-57.

[184] 袁江洋.科学史:学科独立与学术自主[J].科学与社会,2011,1(3):41-61.

[185] 徐飞,程志波.科学争论中的学术主权刍论[J].自然辩证法研究,2009,25(5):75-81.

[186] 梅里亚姆.卢梭以来的主权学说史[M].毕洪海,译.北京:法律出版社,2006:21.

[187] 黄涛.主体性时代的权利理论——改革开放以来中国权利理论的逻辑演进[J].法制与社会发展,2019,25(1):51-67.

[188] 哈耶克.法律、立法与自由(第二、三卷)[M].邓正来,张守东,李静冰,译.北京:中国大百科全书出版社,2000:181.

[189] 郑成良.论自由权利——简析自由概念在法理学中的含义[J].当代法学,1988(3):29-32.

[190] 郭道晖.中国的权利立法及其法理基础[J].甘肃政法学院学报,1995(4):18-22.

[191] STEPHEN HOLMES, CASS R SUNSTEIN. The cost of rights, why liberty depends on taxes[M]. New York/London:W. W. Norton & Company,2000:20-21.

[192] 刘作翔.权利冲突:案例、理论与冲突解决机制[M].北京:社会科学文献出版社,2014:188.

[193] 成中英.论东方德行伦理和西方权利伦理的结合——人性和理性结合的道德正当性:权利与德行的相互印证[J]浙江学刊,2002(5):21.

[194] 康德.历史理性批判文集[M].北京:商务印书馆,1990:8.

[195] 中共中央马克思恩格斯列宁斯大林著作编译局.马克思恩格斯选集(第一卷)[M].北京:人民出版社,1972:18.